In 30 Minuten wissen Sie mehr!

Dieses Buch ist so konzipiert, dass Sie in kurzer Zeit prägnante und fundierte Informationen aufnehmen können. Mithilfe eines Leitsystems werden Sie durch das Buch geführt. Es erlaubt Ihnen, innerhalb Ihres persönlichen Zeitkontingents (von 10 bis 30 Minuten) das Wesentliche zu erfassen.

Kurze Lesezeit

In 30 Minuten können Sie das ganze Buch lesen. Wenn Sie weniger Zeit haben, lesen Sie gezielt nur die Stellen, die für Sie wichtige Informationen beinhalten.

- Alle wichtigen Informationen sind blau gedruckt.

- Schlüsselfragen mit Seitenverweisen zu Beginn eines jeden Kapitels erlauben eine schnelle Orientierung: Sie blättern direkt auf die Seite, die Ihre Wissenslücke schließt.

- *Zahlreiche Zusammenfassungen innerhalb der Kapitel erlauben das schnelle Querlesen.*

- Ein Fast Reader am Ende des Buches fasst alle wichtigen Aspekte zusammen.

- Ein Register erleichtert das Nachschlagen.

Inhalt

Vorwort

Erfolg ist für viele Menschen eine Sehnsucht, ein Ziel oder ein Wunsch. Ein Treiber, der sie in Bewegung setzt. Doch zu einem Erfolg wird eine Unternehmung immer erst dann, wenn das gewünschte Ergebnis erreicht wurde. Was bringen drei Jahre Ausbildung oder fünf Jahre Studium, wenn man am Ende kein Abschlusszeugnis oder Diplom in der Hand hält?

Erfolg im Vertrieb und Verkauf bedeutet: nicht nur anfangen, sondern auch zum Abschluss kommen. Wie viel Zeit und Energie wenden wir tagtäglich auf, um zu starten? Wie viel investieren wir in Marketing, PR und Akquisemaßnahmen? In Besprechungen, Nachfassaktionen, Angebotserstellungen und Preisverhandlungen? Diese Investitionen sind umsonst, schaffen wir es nicht, unsere Kunden zum Abschluss zu führen. Die Folge: Aus Lust wird Frust, aus Energie wird Antriebslosigkeit, aus Gewinn wird Verlust. Die Lösung ist einfach: Wir müssen so oft wie möglich zum Abschluss kommen. Wir müssen unsere Umsatz- oder Projektziele erreichen. Doch kann man den Abschluss lernen und wann ist der richtige Zeitpunkt, um den Sack zuzumachen?

Viele Verkäufer scheitern genau an diesem Punkt. Sie lesen dann vielleicht das sechste Buch über Abschlusstechniken und hoffen, dass es irgendwann funktioniert. Wird es aber mit großer Wahrscheinlichkeit nicht – denn der Abschluss beginnt am Anfang des Verkaufens, nicht am Ende.

Haben Sie schon einmal probiert, ein Rennen, bei dem Sie am Start gestürzt sind, am Ende noch zu gewinnen? Falls ja, dann wissen Sie, wie anstrengend das ist. Lesen Sie dieses Buch also mit der Erwartung, den 243. Trick für den ganz sicheren Abschluss zu erlernen, dann muss ich Sie enttäuschen. Es ist auch nicht mein Anspruch, hier bahnbrechend neue Erkenntnisse zu vermitteln. Ich möchte Ihnen stattdessen alles an die Hand geben, was Sie für den sicheren Abschluss brauchen. Und das ist viel mehr als lediglich ein paar Tipps und Tricks.
In diesem Buch erfahren Sie, warum Erfolg keine Frage der Veranlagung und des Talents ist, sondern vielmehr eine Frage der richtigen Werkzeuge. Sie erfahren aber auch, warum die richtigen Werkzeuge allein trotzdem nichts bringen und welche Rolle unsere Treiber und Stopper spielen. Sie werden verstehen, dass es das „Warum" ist, das darüber entscheidet, wie erfolgreich oder erfolglos wir abschließen, und dass der Abschluss am Anfang des Verkaufsprozesses beginnt und nicht erst am Ende.
Ich möchte Ihnen vier Kompetenzen vorstellen, die Sie brauchen, um den Sack zuzumachen. Am Ende des Buches werden Sie wissen, wie Abschließen geht – und Sie werden es auch anpacken und umsetzen! So erzielen Sie höhere Abschlussquoten, mehr Umsatz und somit mehr Gewinn.

Viel Spaß und Erfolg wünscht Ihnen
Katja Porsch

30 MINUTEN

1. Die 4 Elemente – das Abschlussrad

Warum sind Sie Verkäufer und warum wollen Sie den Abschluss? Können Sie sich vorstellen, dass die Antworten auf diese Fragen entscheidend für Ihren Abschlusserfolg oder auch -misserfolg sind?
Wie und wann sollte man den Impuls zum Abschluss setzen? Warum funktioniert das oft nicht? Kann man lernen, den Sack zuzumachen? Fragen, die mir immer wieder gestellt werden. Verkaufen und Abschließen ist eigentlich ganz einfach. Wir müssen es nur „wollen", „wissen" und „können" – und auch bereit sein, die Verantwortung dafür zu übernehmen. Das sind die vier Abschlusskompetenzen, die wir beherrschen müssen. Zusammen bilden sie das Abschlussrad.

1.1 Verantwortung übernehmen

Was stimmte nicht in diesem Verkaufsgespräch, als Ihr Kunde partout nicht unterschreiben wollte? Woran lag es? Woran sind Sie gescheitert? Kann es sein, dass es an einer oder sogar an mehreren der vier Abschlusskompetenzen lag? Fehlte Ihnen das nötige Know-how? Oder wussten Sie zwar, wie es geht, konnten es aber in diesem Moment nicht umsetzen? Wollten Sie es nicht ausreichend? Oder lag es vielleicht gar nicht an Ihnen, sondern an den Umständen, an dem Produkt, dem Preis oder etwas anderem, das Sie nicht beeinflussen konnten – haben Sie die Verantwortung an diese Dinge abgegeben?

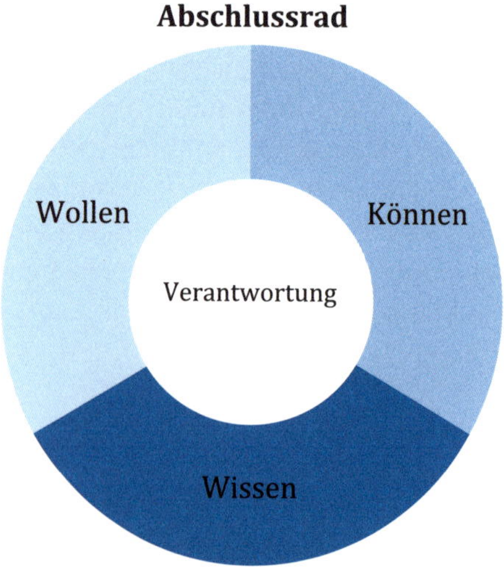

Abb. 1: Das Abschlussrad

Der Abschlusserfolg entsteht durch das Zusammenspiel *aller* vier Kompetenzen: Verantwortung, Wollen, Wissen und Können. Nur die richtige Einstellung oder nur die richtige Technik reichen allein nicht aus. Ebenso wenig reicht es aus, sich nur mit der Abschlussphase zu beschäftigen, denn der Abschluss beginnt bereits am Anfang des Verkaufsgespräches und nicht erst am Ende. Wir merken zwar oft erst in dem Moment, in dem ein Kunde nicht unterschreibt, dass etwas schiefgelaufen ist, und schreiben das Scheitern dann mangelnder Abschlusskompetenz zu, aber der eigentliche Fehler lag meist viel weiter vorn im Verkaufsprozess.

Nicht wir sind es, sondern die anderen

Wir haben also allen Grund, unser Scheitern zu hinterfragen, um es beim nächsten Mal besser zu machen. Doch was machen wir stattdessen, wenn irgendetwas schiefläuft? Kaum jemand sagt abends zu seinem Partner: „Du, Schatz, heute habe ich es so richtig in den Sand gesetzt, hätte ich doch bloß die Fragetechnik besser gelernt." Und selten hören Chefs Sätze wie diesen: „Tut mir leid, Chef, den Umsatz habe ich komplett vergeigt. Ich habe mich mal wieder selbst zu wichtig genommen." Wesentlich verbreiteter sind dagegen folgende Wendungen: „Mein Kunde wollte ja unterschreiben, aber ...", „Weißt du, was mir passiert ist? Da hat doch tatsächlich ...", oder: „Hast du schon gehört, was der Müller wieder gemacht hat?" Offensichtlich suchen wir die Schuld lieber bei anderen, machen irgendjemanden oder irgendetwas für unser Scheitern verantwortlich. Dann ist eben der Kunde schuld. Oder das Produkt. Oder der Produktgeber. Vielleicht sind es auch der Markt, die Banken, die Mitarbeiter, der Chef, die Kollegen, das Unternehmen, das Internet usw. Ich bin mir sicher, Sie könnten die Liste noch beliebig ergänzen. Einer unserer Lieblingsschuldigen: die Umstände. Die passen fast immer. Es ist menschlich und auch nachvollziehbar, dass wir uns so verhalten. Aber bringt uns das weiter?

Was können Sie beeinflussen?

Notieren Sie die ersten fünf Dinge, die Ihnen auf folgende Frage einfallen: Was macht Ihnen das Leben als Verkäufer schwer?

Streichen Sie jetzt die Punkte durch, die nichts mit Ihnen zu tun haben, die beispielsweise den Kunden betreffen, das Produkt, den Markt, die Umstände, die Konkurrenz oder was auch immer. Das, was jetzt noch übrig geblieben ist, daran können Sie arbeiten. Den Rest können Sie vergessen. Warum? Weil Sie diese Faktoren nicht oder nur schwer beeinflussen können. Sie können Ihren Kunden, Ihr Produkt, den Markt, die Konkurrenz, Ihren Chef und die Umstände in der Regel nicht ändern. Wie sinnvoll ist es dann, sich damit zu befassen, sich über diese Dinge zu ärgern und sogar noch Energie in sie zu investieren?

Investieren Sie Ihre Energie doch lieber in sich selbst! Das Einzige, was Sie direkt beeinflussen können, das

sind Sie. Das sind Ihr Know-how, Ihre Sichtweise und Ihre Einstellung. Kauft ein Kunde nicht oder haben Sie als Verkäufer nicht den gewünschten Erfolg, kann das nur einer ändern: Sie selbst!
Dafür müssen Sie bereit sein, Verantwortung zu übernehmen, Verantwortung für Ihre Erfolge, aber auch für Ihre Misserfolge. Tun Sie das nicht, sind Sie ständig auf der Suche nach Schuldigen und nach Erklärungen, warum etwas nicht funktioniert. Sie geben dann Ihre Macht ab – und zwar an diejenigen, die Sie verantwortlich machen. Wollen Sie das? Die Bereitschaft, Verantwortung zu übernehmen, ist die erste der vier Abschlusskompetenzen und die Basis für Erfolg.

Läuft im Verkauf irgendetwas schief, schaffen wir es nicht, abzuschließen, sind wir schnell im „Ja-aber-Modus.“ Wir suchen Schuldige und schießen uns damit selbst ins Aus. Denn wir selbst haben die Verantwortung für den Abschluss und kein anderer.

1.2 Das Wollen

Sie wollen, dass Ihr Kunde unterschreibt, Sie wollen den nächsten Abschluss, unbedingt. Aber irgendwie funktioniert das nicht. Warum gibt es Situationen, in denen man weiß, was man will, und trotzdem nicht losläuft? Was hält einen ab, was hindert einen? Es sind unsere Stopper. Unser innerer Schweinehund steht uns im Weg.

Es gibt Dinge im Leben, die treiben uns an, etwas zu tun, und es gibt Dinge, die halten uns ab. Wir haben Treiber und wir haben Stopper. Wir setzen uns nur in Bewegung, wenn die Dinge, die uns antreiben, also unsere Treiber stärker sind als die Dinge, die uns abhalten, also unsere Stopper. Sind sie das nicht, dann machen wir nichts – oder wir machen es „nur ein bisschen". Ein bisschen abschließen geht aber nicht. Wir müssen das, was wir tun, auch wirklich wollen.

Wirklich wollen bedeutet, dass unsere Treiber durch unser Tun befriedigt werden müssen. Werden sie das nicht, dann fahren wir höchstens mit halber Kraft oder handeln erst, wenn der Druck so groß geworden ist, dass wir reagieren müssen. Verkaufen und Abschließen unter Druck funktioniert aber meist nicht. Denn erfolgreich abschließen heißt agieren und nicht reagieren.

Wir müssen also verkaufen *wollen*.
Wollen bedeutet:
1. Wir müssen unsere Treiber und unsere Stopper kennen.
2. Wir müssen dafür sorgen, dass unsere Treiber stärker sind als unsere Stopper.
3. Unsere Treiber müssen bei Erreichung unseres Ziels, also beim Abschluss, befriedigt werden.

Wir müssen bereit sein, den Preis zu bezahlen. Sind wir das nicht, scheitern wir. In der Regel scheitern wir also nicht an fehlendem Wissen, sondern an fehlendem Wollen.

Vergleichen Sie Ihre Treiber und Stopper mit dem Motor und der Handbremse eines Autos. Sind Ihre Stopper zu stark, fahren Sie mit angezogener Handbremse. Sie kommen nicht oder nur schwer vom Fleck. Passt Ihre Tätigkeit oder Ihr Ziel nicht zu Ihren Treibern, fahren Sie mit dem falschen Benzin. Die Folge: Motorschaden – oder auch Burnout.

Lieben Sie das, was Sie tun?

„Super, endlich mal wieder ein Akquisetag!" Könnte das von Ihnen sein? Oder denken Sie eher: „Mist, schon wieder Akquise. Wer hat diesen Käse bloß erfunden?" Warum gibt es Menschen, die geradezu für die Akquise geboren zu sein scheinen? Ihnen macht es Spaß und ganz nebenbei funktioniert es auch noch. Die Antwort ist einfach: Sie wollen das, was sie tun. Sie haben die passenden Treiber. Das Gleiche gilt für den Abschluss. Es gibt Verkäufer, für die gibt es nichts Schöneres, als abzuschließen. Sie wollen den Abschluss, das ist ihr Kick. Und dann gibt es Verkäufer, die verkaufen in erster Linie, weil es ihr Job ist. Der Abschluss gehört eben dazu. Aber es ist nicht wirklich der Wunsch, abzuschließen, der sie antreibt.

Was, wenn ich nicht genug will?

Was macht man jetzt, wenn man zur letzten Gruppe gehört? Wir können die Umstände nicht ändern, aber wir können unsere Einstellung ändern. Akquise ist nun mal ein Muss, wenn man auf Neukunden angewiesen ist, und der Abschluss ist ein Muss, wenn man verkaufen will. Wir dürfen es aber nicht als ein Muss sehen, wir müssen abschließen *wollen*.

Etwas nicht wirklich zu wollen, heißt nicht, sich nicht anzustrengen. Ganz im Gegenteil: Wenn Ihre Stopper stärker sind als Ihre Treiber, dann wird es sogar richtig anstrengend. Und oft funktioniert es dann trotzdem nicht. Entscheidend ist, wie Sie damit umgehen. Die eine Möglichkeit: Sie suchen Gründe oder Schuldige, die Sie verantwortlich machen können. Die andere Möglichkeit: Sie arbeiten an sich, damit es künftig besser funktioniert.

Das ist die gute Nachricht: Sie können an Ihrem Wollen arbeiten, daran, dass Ihre Treiber stärker werden als Ihre Stopper. Wie Sie das schaffen und wie Sie sich gerne in Bewegung setzen, erfahren Sie in Kapitel 2.

Kommen wir nicht ans Ziel, schaffen wir es nicht, abzuschließen, liegt es oft daran, dass wir es nicht ausreichend wollen. Unsere Stopper sind dann stärker als unsere Treiber. Doch wir können das ändern, indem wir unsere Treiber stärken.

1.3 Das Wissen

Wissen ist Segen und Fluch zugleich. Bestimmt kennen Sie diese Aussage: „Zu viel Wissen hat noch nie jemandem geschadet." Ich möchte da widersprechen, denn zu

viel Wissen kann einer der Fallstricke sein, warum wir nicht abschließen.
Seit ich Verkäufer ausbilde, beobachte ich immer wieder zwei Phänomene. Es gibt die „Neuen“, die frisch in die Branche kommen, die noch kein Fachwissen haben, aber dafür den brennenden Wunsch, Verkäufer zu werden. Ihr Vorteil: Sie haben noch keine Erfahrungen, also auch keine negativen. Ihre verkäuferischen Glaubenssätze sind noch nicht ausgeprägt. Von diesen Verkäufern werden Sie keine Aussagen hören wie: „Lehrer und Ingenieure sind halt eine schwierige Klientel.“ Diese jungen Verkäufer legen voller Tatendrang los und schlagen teilweise sogar die alten Hasen mit ihren Abschlussquoten. Da schlägt das Wollen das Wissen.
Um aber nachhaltig im Markt zu bestehen, um an die Spitze zu kommen und dort auch zu bleiben, brauchen Sie Know-how. Und hier beginnt das zweite Phänomen. Junge Verkäufer starten durch. Erst wollen sie nur. Dann eignen sie sich Wissen an. Einige werden zu Top-Closern. Doch bei anderen geht plötzlich gar nichts mehr. Die Erfolgskurve geht in den Keller, die Abschlussquoten folgen. Wie kommt das?

Wenn wir zu viel wissen

Wir greifen immer auf das Wissen zurück, das verfügbar ist. Am Anfang unserer Karriere ist das eben noch nicht viel und demzufolge können wir nur auf wenig zugreifen. Das ändert sich mit jedem Jahr Verkaufserfahrung. Das ist auch gut so.

Aber es gibt auch einen Fallstrick: Wir haben die Tendenz, das, was wir wissen, auch mitteilen zu wollen – insbesondere unseren Kunden. Fachwissen setzen wir gleich mit Kompetenz. Das Ärgerliche daran: Unsere Kunden kaufen aus anderen Gründen. Und es kommt noch etwas dazu: Je länger wir im Verkauf sind, desto stärker ausgeprägt sind unsere Glaubenssätze. Wir gewinnen immer mehr Erfahrungen, auf die wir bewusst oder unbewusst zurückgreifen. Versuchen wir aber, nun unseren Kunden mit Fachwissen und Know-how zum Abschluss zu bewegen, setzen wir aufs falsche Pferd.

Damit wir uns richtig verstehen: Ich bin absolut dafür, sich Wissen anzueignen. Ich hasse es, wenn Verkäufer, die keine Ahnung von ihrem Produkt haben, auf Kunden losgelassen werden. Ich unterscheide aber zwischen Wissensbesitzern und Wissensbenutzern. Wie Sie es schaffen, Ihr Wissen richtig einzusetzen und damit zum Wissensbenutzer zu werden, und wie Sie den richtigen Köder auswerfen, damit Ihr Kunde abschließt, erfahren Sie in Kapitel 3.

30 *Wissen kann uns im Verkauf an die Spitze bringen. Wissen kann aber auch der Grund sein, warum wir beim Abschluss scheitern. Entscheidend ist der Unterschied zwischen Wissensbesitzern und Wissensbenutzern: Wissensbenutzer setzen ihr Wissen gezielt ein.*

1.4 Das Können

Finden Sie, Autofahren ist einfach? Haben Sie das auch gedacht, als Sie in Ihrer ersten Fahrstunde mit Ihrem Fahrlehrer im Auto saßen? Einfach erscheint uns etwas immer erst dann, wenn wir es bereits können. Und zwischen Wissen und Können liegt Üben.

Stellen Sie sich vor, Sie treffen einen 100-Meter-Läufer. Sie sehen ihn jeden Tag am Rand der 100-Meter-Bahn sitzen. Neben ihm türmen sich sämtliche Fachbücher, die es zum Thema „100-Meter-Lauf" gibt. Nach ein paar Wochen fragen Sie ihn: „Und, wie ist Ihre Zeit?" Er antwortet: „Ich weiß es nicht. Ich laufe erst, wenn ich es kann." Wie hoch ist die Wahrscheinlichkeit, dass dieser Läufer es jemals wirklich kann? Wie will er denn besser werden, wenn er es nie probiert?

Solche 100-Meter-Läufer treffe ich immer wieder unter den Verkäufern. Sie trainieren jeden Tag – in der Theorie. Sie wissen theoretisch genau Bescheid. Sie wissen, wie Verkaufen funktionieren *müsste*. Aus Angst vor Ablehnung, aus Angst vor dem „Nein" oder aufgrund anderer Stopper gehen sie aber nie oder nur selten an den Start. Sie gehen kein Risiko ein. Aber alles im Leben war einmal schwer, bevor es leicht wurde. Ein paar blaue Flecken gehören nun einmal dazu.

Können kommt von tun

Vielleicht haben Sie das schon einmal erlebt: Sie haben ein Ziel. Sie wissen ganz genau, wohin Sie wollen. Vielleicht wollen Sie Ihren Umsatz verdoppeln oder Ihre Abschlussquoten um 30 % erhöhen. Sie wissen, wohin Sie wollen, aber nicht, wie Sie dahin kommen und was Sie tun müssen, um Ihr Ziel erreichen.

Wäre es nicht das Einfachste, Sie liefen einfach mal los? Sie schnappen sich Ihre nächsten Kunden und probieren mal, wie weit Sie kommen? Aber nein – das wäre nun wirklich zu einfach! Was machen wir in der Regel, bevor wir loslaufen? Wir rüsten uns aus. Wir eignen uns Fachwissen an, wir besuchen Seminare, wir lesen Bücher, wir bilden uns weiter. Wir tun alles, was in unserer Macht steht, um sicherzustellen, dass wir ans Ziel kommen.

Am Ende wissen wir fast alles, was es über Abschlusstechniken zu wissen gibt. Wir fühlen uns gut ausgerüstet und laufen endlich los. Das heißt aber noch lange nicht, dass wir auch ankommen. Wir werden trotzdem stolpern und auf Hindernisse treffen. Trockenübungen allein helfen nicht. Es bringt deshalb nichts, immer auf den richtigen Zeitpunkt zu warten. Den gibt es sowieso meist nicht. Es ist auch sinnlos, keine Fehler machen zu wollen. Die machen wir sowieso. Wir können uns nicht auf alle möglichen Situationen vorbereiten, es kommt sowieso anders.

Aber eines können wir: loslaufen und es tun. Wir riskieren vielleicht, dass wir am Anfang scheitern oder dass ein Kunde nicht kauft. Aber wir können üben und wir können besser werden. Irgendwann können wir es dann richtig gut. Dann kommen wir auch ans Ziel, zum

Abschluss – dann ist es auf einmal ganz leicht. Wie Sie mithilfe des Ziel- und Zeitnavigators loslaufen und Ihren individuellen Abschluss-Trainingsplan erstellen, erfahren Sie in Kapitel 4.

Abschlusserfolg entsteht durch das Zusammenspiel der vier Abschlusskompetenzen Verantwortung, Wollen, Wissen und Können.

- ***Verantwortung zu übernehmen bedeutet, dass wir aufhören, Ausreden und Schuldige zu suchen. Wir haben die Verantwortung für den Deal.***
- ***Wollen bedeutet, mit dem richtigen Sprit zu fahren. Wir müssen lieben, was wir tun, vor allem aber müssen wir wissen, was uns antreibt und abhält.***
- ***Wissen ist der Garant für Erfolg, kann aber auch Misserfolge verursachen. Entscheidend ist, wie wir das Wissen einsetzen. Sind wir „Wissensbesitzer“ oder „Wissensbenutzer“?***
- ***Können kommt von tun, das heißt, wir müssen loslaufen und üben. Hinfallen gehört dazu. Wichtig ist, dass wir es angehen.***

30 MINUTEN

2. Das Wollen – Treiber gezielt einsetzen

Stellen Sie sich vor, Sie lassen sich in Bierlaune auf eine Wette ein, verlieren und werden dazu verdonnert, den New-York-Marathon zu laufen. Wie wird sich das Training anfühlen, wie lange halten Sie durch? Vermutlich schmeißen Sie früher oder später das Handtuch. Es war schließlich nur eine dumme Wette, nicht Ihr persönliches Ziel. Der Wunsch, das Ziel zu erreichen, war nicht groß genug, als dass Sie bereit gewesen wären, den Preis zu bezahlen. Ganz anders sähe die Situation jedoch aus, wenn es schon immer Ihr Lebenstraum gewesen wäre, am New-York-Marathon teilzunehmen: Mit welchem Gefühl würden Sie dann das Lauftraining angehen?
Ob Ihnen etwas schwer- oder leichtfällt, hängt davon ab, wie sehr Sie es wollen. Wenn Sie darauf brennen, den Abschluss zu machen, zu verkaufen, wird Ihnen alles, was dafür nötig ist – Akquise, Einwände, Vorwände, Rückschläge, Umgang mit dem „Nein“, usw. –, leicht erscheinen. Machen Sie dagegen nur Ihren Job oder tun Ihre Pflicht, wird Ihnen jeder einzelne Schritt extrem schwerfallen.

2.1 Unsere Stopper

Kennen Sie das? Sie haben das Gefühl, Sie fahren nur mit halber Kraft? Sie wollen ans Ziel, schaffen es aber nicht, Vollgas zu geben? Oft sind unsere Stopper die Ursache. Es gibt unbewusste und bewusste Stopper. Die Stopper, die uns bewusst sind, sind nicht das große Problem, gefährlich sind die unbewussten. Wissen wir nicht, was uns bremst, können wir nur schwer daran arbeiten. Generell lassen sich drei Arten von Stoppern unterscheiden:

- Systemische Widerstände
- Ängste
- Unstimmigkeiten

Stellen Sie sich vor, Sie kommen abends nach einem anstrengenden, aber auch erfolgreichen Tag nach Hause. Sie erzählen Ihrem Partner voller Stolz, dass Sie zum Teamleiter befördert wurden. Ihr Partner antwortet: „Herzlichen Glückwunsch, Schatz, dann musst du ja in Zukunft noch länger arbeiten. Vielleicht hast du ja Glück und unser Sohn weiß in zwei Jahren noch, wie du heißt." Wumms! Das ist ein systemischer Widerstand. Systemische Widerstände bemerken wir, wir bekommen sie direkt mit. Mit den Ängsten ist das schon schwieriger. Manche Ängste sind uns bewusst, etwa die Angst vor Höhe, vor Hunden oder vor Spinnen. Wir leben damit und stehen dazu. Es kann ja sogar trendy sein, irgendwelche Phobien zu haben. Wie sieht es aber

aus mit der Angst vor emotionaler Nähe oder vor Ablehnung? Oder der Angst, angreifbar zu sein?
Und was, wenn unser Unterbewusstsein uns einen Streich spielt? Dann sind wir bei der dritten Art: den Unstimmigkeiten. Unstimmigkeit bedeutet, dass das Unterbewusstsein etwas anderes will als das Bewusstsein. Ein Beispiel:
Sie wollen ein erfolgreicher Topmanager werden. Das ist Ihr Ziel. Dafür rackern Sie sich ab, strengen sich an. Sie wollen die Karriereleiter ganz nach oben. Doch irgendwie fühlen Sie sich getrieben. Alles erscheint Ihnen wahnsinnig anstrengend, Sie sind frustriert und haben das Gefühl, ständig legt man Ihnen Steine in den Weg. Was Sie vergessen haben: Eigentlich wollten Sie immer nur an Autos schrauben, Mechaniker sein. Das ist das, was Sie wirklich wollen. Das ist Ihr Jugendtraum. Irgendwann haben Sie aufgehört, Ihrem eigenen Traum zu folgen, und ihn stattdessen durch den Traum von irgendjemand anderem ersetzt. Sie haben das vergessen, Ihr Unterbewusstsein nicht.
Das Unterbewusstsein ist unsere stärkste Kraft. Wir sind uns dieser Kraft aber nicht unmittelbar bewusst. Oft fühlen wir nur, dass irgendetwas nicht stimmt, wissen aber nicht genau, was es ist. Die Folge: Will unser Unterbewusstsein etwas anderes als unser Bewusstsein, wird es dafür sorgen, dass uns jedes noch so kleine Hindernis wie ein riesengroßer Berg vorkommt. Alles erscheint dann anstrengend und schwer.

Wenn wir ausgebremst werden

Egal ob Ängste, systemische Widerstände oder Unstimmigkeiten, sie alle bremsen oder blockieren uns auf dem Weg zum Ziel, zum Abschluss. Warum denn nicht jeden Tag zwei neue Kunden akquirieren? Warum nicht die Abschlussquoten im nächsten Monat verdoppeln? Andere schaffen das doch auch. Sind sie talentierter oder besser als wir? Meistens nicht. In der Regel haben sie nur andere Stopper oder stärkere Treiber.

Übung: Lernen Sie Ihre Stopper kennen
Nehmen Sie sich 10 Minuten Zeit und beantworten die Frage: Was sind meine Stopper, die mich hindern und blockieren?

Kennen wir unsere Stopper, wissen wir auch, was uns daran hindert, abzuschließen. Unser erster Schritt zum Abschluss ist es daher, uns bewusst zu machen, was uns bremst. Wir können uns unserem Feind erst stellen, wenn wir ihn kennen. Erst wenn wir uns unserer Stopper, unserer Ängste, der systemischen Widerstände und der Unstimmigkeiten bewusst sind, können wir daran arbeiten.

30 *Wir haben bewusste und unbewusste Stopper. Es liegt an uns, das Unbewusste bewusst zu machen und uns unseren Ängsten, den systemischen Widerständen und den Unstimmigkeiten zu stellen.*

2.2 Unsere Treiber

Stopper bremsen oder hindern uns also. Es gibt aber auch Dinge, die uns antreiben und motivieren: unsere Treiber. Kennen Sie das Gefühl, alles fliegt Ihnen nur so zu? Sie überwinden motiviert alle Hindernisse? Alles erscheint Ihnen leicht und mühelos? Dann stimmen Ihre Treiber. Sie fahren mit dem richtigen Treibstoff. Ihr tagtägliches Tun, Ihre Zielvorstellungen, Ihre Handlungen und Gedanken sind mit Ihren Treibern kongruent. Es passt einfach. Um bei dem Beispiel aus dem vorherigen Kapitel zu bleiben:

Sie haben Ihren Traum, Mechaniker zu werden, nie aufgegeben. Sie haben immer für dieses Ziel gearbeitet und jetzt stehen lauter Ferraris auf Ihrem Hof.

Wie kommen wir in diesen Zustand? Wir müssen unser „Warum" kennen. Haben Sie sich schon einmal gefragt: Warum stehe ich jeden Morgen auf? Warum bin ich Verkäufer? Warum verkaufe ich mein Produkt? Warum will ich den Abschluss?

Was treibt Sie an? Vielleicht schießt Ihnen jetzt „Geld" durch den Kopf. Ist das so? Ist Geld wirklich einer der Hauptgründe, warum Sie Verkäufer sind? Wenn ja, dann ist das, was Sie tun, auch nur Mittel zum Zweck, oder? Meinen Sie, Boris Becker hat Wimbledon gewonnen, weil es ihm um das Geld ging? Oder dass Sebastian Vettel den Ehrgeiz hat, wieder Weltmeister zu werden, weil ihn das Geld antreibt? Wirklich erfolgreiche Menschen lieben das, was sie tun. Es treibt sie etwas anderes an als nur das Geld. Diese Treiber sind so stark, dass diese Menschen sämtliche Strapazen auf sich nehmen und alle Stopper überwinden, um dieses Ziel zu erreichen.

Das „Warum" ist unser Lebenszweck – unser Motor. Ein Leben zu führen, dessen einziger Zweck das Geldverdienen ist, wäre sehr tragisch, oder? Geld ist oft das Ergebnis und nicht die Ursache. Oder anders formuliert: Geld sollte das Ergebnis eines Abschlusses sein, nicht die Motivation dafür. Sind wir nicht aus voller Überzeugung Verkäufer und lieben wir nicht das, was wir tun, und zwar unabhängig vom Geld, scheitern wir früher oder später. Unsere Treiber sind dann nicht stark genug und unsere Stopper bremsen uns aus.

Was also ist Ihr Motor, Ihr „Warum"?

Wenn Sie wissen, was Sie antreibt, sind Sie fast am Ziel. Sie kennen Ihren Motor. Nun können Sie auch daran arbeiten und Ihren Treiber vor Ihre Ziele spannen.

Übung: Lernen Sie Ihre Treiber kennen

Nehmen Sie sich 10 Minuten Zeit und beantworten folgende Fragen:

- Was war mein größter Erfolg der letzten Jahre (jenseits des Jobs)?
- Was war bis jetzt mein größter beruflicher Erfolg?
- Warum bin ich so stolz auf diese Erfolge?
- Was treibt mich wirklich an?
- Mein Haupttreiber ist: ______________________

Überlegen Sie sich: Befriedigt mein Job meine Treiber? Wenn ja, welche? Was ist es genau, das Sie an Ihrem Beruf lieben? Wenn nein, warum nicht? Was genau stört Sie an Ihrem Job? Was stoppt Sie? Und was davon können Sie ändern? Lieben Sie das, was Sie tun, wird Ihnen der Weg zum Abschluss leicht und mühelos vorkommen. Was treibt Sie also an? Ihr „Warum“ entscheidet, wo Sie ankommen.

Was uns antreibt, das steuert uns. Wir müssen lieben, was wir tun, und wir müssen uns bewusst sein, was uns antreibt. 30

2.3 Treiber versus Stopper

Sie lieben, was Sie tun, Sie wissen, was Sie antreibt, und Sie wissen, was Sie abhält. Trotzdem kommen Sie nicht ans Ziel? Irgendwie klappt es nicht so, wie Sie sich das wünschen?
Haben Sie sich schon mal in ein Auto gesetzt, sind gestartet und losgefahren, aber die Handbremse war noch angezogen? Falls Sie es noch nicht probiert haben: Sie kommen nicht wirklich vom Fleck. Es gibt etwas, das Sie antreibt, Ihr Motor, und es gibt etwas, das Sie abhält, Ihre Handbremse. Die Frage ist: Was ist stärker? Ist das, was Sie vom Abschluss abhält, stärker als das, was Sie antreibt, oder ist es umgekehrt?

Übung: Ihr Abschluss-Status-quo

1. Nehmen Sie sich ein leeres Blatt Papier. Schreiben Sie in zwei Minuten alles auf, was Ihnen *spontan* einfällt, wenn Sie an die Abschlusssituation denken.
2. Nehmen Sie ein zweites Blatt Papier. Falten Sie es mittig, sodass zwei Spalten entstehen. Auf die eine Seite schreiben Sie ein Plus, auf die andere Seite ein Minus. Ordnen Sie die Begriffe, die Sie auf das erste Blatt geschrieben haben, diesen beiden Spalten zu.
3. Was überwiegt? Die positiven Assoziationen oder die negativen?

Wie wir uns in Bewegung setzen

Sie kennen jetzt Ihren Abschluss-Status-quo. Sie wissen, was Sie antreibt und motiviert, Sie wissen aber auch, was Sie bremst und abhält. Jetzt geht es darum, wie Sie sich selbst steuern.

Schauen Sie sich sorgfältig die Begriffe an, die Sie auf der Minusseite notiert haben. Als Erstes eliminieren Sie alles, was nichts mit Ihnen zu tun hat, also alles, was außerhalb Ihres Einflussbereiches liegt. Es bringt nichts, Energie in diese Dinge zu investieren – verbannen Sie sie von Ihrem Zettel und Schritt für Schritt auch aus Ihrem Unterbewusstsein.

Befassen Sie sich nun mit den Punkten, die übrig geblieben sind. Daran können Sie arbeiten, hier lohnt es sich, Energie zu investieren. Überlegen Sie sich zu jedem Punkt auf Ihrer Minus-Liste, was Sie tun können, um

dieses Hindernis zu überwinden. Was sind Ihre konkreten To-dos?
Mit dieser Taktik programmieren Sie sich von „Problem“ auf „Lösung“ um. Die Folge: Aus negativer Energie wird positive Energie. Sie kommen ins Handeln. Aus passiv wird aktiv. Sie steuern Ihre Gedanken, Gefühle und somit auch Ihre Handlungen. (Mehr Übungen hierzu finden Sie auf meiner Homepage: www.katja-porsch.de/verkaufserfolg)
Nun sehen Sie sich Ihre Plusseite an. Vergleichen Sie die Punkte, die Sie dort aufgeschrieben haben, mit Ihrem stärksten Treiber, den Sie in Kapitel 2.2 identifiziert haben. Wählen Sie die drei Punkte aus, die am ehesten mit Ihrem Haupttreiber übereinstimmen. Das sind Ihre Hauptmotivatoren. Das ist Ihr Motor, Ihr „Warum“. Oft vergessen wir im Alltags- und Abschlussstress, warum wir etwas tun *wollen*. Wir denken dann eher an die negativen Dinge und nicht an die positiven. Das bremst. Machen Sie sich Ihre Hauptmotivatoren immer wieder bewusst, vor allem wenn die Dinge mal nicht so gut laufen. So setzen Sie positive Energie frei, die Ihnen dabei hilft, Hindernisse und Stopper zu überwinden.

Wollen wir abschließen, müssen unsere Treiber stärker sein als unsere Stopper. Wir müssen unsere wichtigsten Treiber und Stopper kennen. Probleme, die wir nicht beeinflussen können, eliminieren wir aus unserem Denken, und Probleme, die wir beeinflussen können, lösen wir. 30

2.4 Bereit sein, den Preis zu zahlen

„Super“, denken Sie jetzt vielleicht, „das klingt ja ganz leicht. Aber funktioniert das wirklich so einfach?“ Nein, so einfach ist es nicht! Ich möchte Ihnen dazu eine Geschichte vom Anfang meiner Verkäuferkarriere erzählen:
Ich war damals bei einem Berliner Immobilienvertrieb und mein Job war es, Termine zu machen. Am Telefon und mit Menschen, die ich nicht kannte – also Kaltakquise. Meine ersten fünf Tage verbrachte ich damit, mein Telefon zu hypnotisieren. Meine einzige Aufgabe bestand darin, den Hörer in die Hand zu nehmen, zu wählen und zu sprechen. Und genau das ging nicht. Das Hindernis schien mir unüberwindbar. Was war los? Meine Treiber stimmten: Ich wollte Verkäufer werden, ich wollte es unbedingt. Ich wollte den Erfolg, die Anerkennung und die Bestätigung, dass ich es schaffen kann. Aber meine Angst vor dem Telefon, meine Angst vor Ablehnung war größer. Ich war nicht bereit, den Preis zu bezahlen.

Der Schweinehund am Steuer

Mein Schweinehund hatte gesiegt. Es gibt Situationen, da helfen uns unsere besten Strategien nicht weiter. Dann haben wir einen starken Gegner: unseren inneren Schweinehund. Er ist der Verbündete unserer Stopper und der Feind unserer Treiber. Zurück zu meiner Geschichte.
Es ist also mein fünfter Tag und ich sitze immer noch an meinem Schreibtisch und starre auf das Telefon. Plötz-

lich geht meine Bürotür auf. Mein Chef betritt den Raum. „Frau Porsch, wie viele Termine haben Sie bis jetzt?" „Keinen." „Das ist schade. Ich gebe Ihnen noch genau drei Tage Zeit. Wenn Sie in den nächsten drei Tagen keine 15 Termine haben, sind Sie draußen." Er lächelt mich an, dreht sich um und verlässt mein Büro. Und ich? Ich hatte plötzlich Angst. Angst, aus diesem Büro zu fliegen, Angst, meine Ziele nicht zu erreichen, Angst, zu versagen. Und diese Angst war plötzlich größer als meine Angst vor dem Telefon. Größer als mein innerer Schweinehund. Da habe ich nicht mehr darüber nachgedacht, ob ich es kann oder nicht, sondern den Hörer in die Hand genommen und telefoniert. Als mein Chef drei Tage später in mein Büro kam, hatte ich keine 15 Termine, ich hatte 17.

Mein Chef hatte das Verhältnis meiner Treiber und Stopper einfach umgedreht. Er hatte es geschafft, dass meine Treiber plötzlich stärker waren als meine Stopper. Brauchen wir also jemanden, der uns „in den Hintern tritt"? Falls ja, sollten wir uns darüber im Klaren sein, dass derjenige auch darüber entscheidet,

- ob wir überhaupt loslaufen,
- wohin wir laufen,
- wo wir ankommen.

Wollen wir das? Ist es wirklich ein guter Plan, darauf zu warten, dass der externe Druck uns zum Handeln zwingt? Ich glaube nicht. Zumindest nicht, wenn wir unseren Abschlusserfolg selbst steuern wollen.

Die innere Verpflichtung

Wir brauchen also ein Werkzeug, das uns dabei hilft, abschließen zu wollen – und nicht nur zu sollen. Chérie Carter-Scott hat es treffend formuliert: „WOLLEN ist eine ENTSCHEIDUNG und führt zu einem Versprechen oder einer Verpflichtung sich selbst gegenüber. SOLLEN ist ein BESCHLUSS und erzeugt ein Opfergefühl." (Carter-Scott, 1999)

Ich habe mich oft gefragt: Was treibt erfolgreiche Menschen an? Sicher sind das unterschiedliche Dinge, aber ich bin überzeugt, sie haben alle eines gemeinsam: Sie haben sich auf irgendeine Art selbst verpflichtet. Wie ist das bei Ihnen? Welche Verpflichtung haben Sie übernommen?

Mal angenommen, Sie haben sich vorgenommen, in diesem Jahr 10 % mehr Abschlüsse zu erzielen als im Vorjahr. Kurz vor Weihnachten stellen Sie fest: Es sind nur 7 % geworden. Was machen Sie jetzt? Sich mit den 7 % zufriedengeben? Ausreden suchen, um zu begründen, warum es gar nicht klappen konnte? Sich damit beruhigen, dass 7 % immer noch mehr sind, als Ihre Kollegen erreicht haben?

Hier setzt die Verpflichtung an. Wetten Sie – mit sich selbst. Probieren Sie Folgendes: Mit Ihrem nächsten Abschlussziel, das Sie festlegen, legen Sie gleichzeitig Ihren Wetteinsatz fest. Überlegen Sie sich als Wetteinsatz eine Summe, die Sie grade noch so aufbringen können – es muss wehtun. Wenn Sie feststellen, dass Sie Ihr Ziel nicht erreicht haben, lösen Sie Ihren Wett-

einsatz ein. Verpflichten Sie sich, diese Summe z. B. an eine karitative Einrichtung zu überweisen.
Zwei Dinge sind bei der Selbstverpflichtung entscheidend:

1. Sie müssen sich unter Druck setzen.
2. Geben Sie Ihr Versprechen vor Zeugen ab.

Warten Sie darauf, dass andere Sie unter Druck setzen, dann *sollen* Sie und sind das Opfer. Setzen *Sie* sich unter Druck – dann *wollen* Sie. Dann sind Sie der Akteur und auch bereit, den Preis zu bezahlen.

Das Wollen ist unsere stärkste Kraft auf dem Weg zum Abschluss. Wenn wir nicht abschließen wollen, bringt uns alles Wissen und Können nichts. 30

- ***Unsere Stopper behindern uns wie eine gezogene Handbremse. Die Hauptstopper sind Ängste, systemische Widerstände und Unstimmigkeiten.***
- ***Unsere Treiber sind der Motor. Die zentrale Frage lautet: Was treibt uns an?***
- ***Unsere Treiber stehen in ständigem Konflikt mit unseren Stoppern. Wir müssen unsere Treiber kennen, unsere Stopper eliminieren und lösungsorientiert an Probleme herangehen.***
- ***Abschließen heißt, bereit sein, den Preis zu bezahlen. Besser wir setzen uns selbst unter Druck, als dass wir darauf warten, dass andere das tun.***

30 MINUTEN

3. Das Wissen – 4 Phasen bis zum Abschluss

Ob ein Kunde kauft oder nicht, entscheidet sich meist schon am Anfang des Verkaufsgesprächs und nicht erst am Ende. Die Analyse von Hunderten von Verkaufsgesprächen hat gezeigt: 80 bis 90 % der Verkäufe scheitern lange vor der reinen Abschlussphase. Diese ist nur die letzte von insgesamt vier relevanten Phasen auf dem Weg zum Abschluss. Ein Werkzeug, um die vier Phasen zu beschreiben, ist das AIDAplus-System. Im Bereich der Akquise ist der AIDA-Faktor ein Steuerungs- und Controlling-Instrument. Das AIDAplus-System ist meine persönliche Erweiterung. Es beschreibt die vier relevanten Verkaufsphasen nebst ihrer entsprechenden Werkzeuge. AIDA steht für die vier Phasen: A = Attention (Aufmerksamkeit), I = Interest (Interesse), D = Desire (Verlangen), Aplus = Action (Abschluss). Sie lernen in diesem Kapitel das jeweils wichtigste Werkzeug kennen, das Sie in die nächste Verkaufsphase und somit zum Abschluss führt.

3.1 A: Aufmerksamkeit – Akquise ist planbar

Wenn Ihre potenziellen Kunden gar nicht wissen, dass es Sie gibt, ist das ärgerlich. Denn ohne erfolgreiche Akquise kein erfolgreicher Abschluss. Das Ziel dieser ersten Phase ist es, dass wir potenziellen Kunden auffallen, dass sie von unserer Existenz, unserem Produkt oder unserer Dienstleistung wissen. Soll das kein Zufall sein, heißt es: akquirieren.

Vereinfacht betrachtet gibt es drei Akquise-Lager. Die einen sagen: „Akquise, das funktioniert nicht. Früher vielleicht mal, aber heute doch nicht mehr." Sie probieren es möglicherweise trotzdem aus, fahren zu einem potenziellen Kunden oder telefonieren. Es passiert, was passieren muss: Sie fangen sich ein „Nein" ein. Anders haben sie es auch nicht erwartet. So fühlen sie sich bestätigt und können jetzt mit Recht sagen: „Hab ich es doch gewusst, Akquise funktioniert nicht."

Dann gibt es das zweite Lager. Das sind diejenigen, die wissen, Akquise gehört dazu. Man muss es eben machen, es ist ein notwendiges Übel. In der Praxis wird Akquise in diesem Lager auch entsprechend behandelt: Man schiebt die unliebsame Aufgabe so lange wie möglich vor sich her, und erst wenn der Zeit- und Umsatzdruck oder das schlechte Gewissen groß genug sind, legt man los. Mal hat man Erfolg, mal nicht.

Schließlich gibt es noch Lager Nummer drei: Hier ist man überzeugt, dass Akquise funktioniert. Akquise ist ein fester Bestandteil des Vertriebsalltags, man hat Zielvorgaben und setzt alle Hebel in Bewegung, um diese auch zu erreichen. Mal mit Erfolg, mal ohne. Fragt man Lager Nummer drei nach Akquise-Abschlussquoten, wird es in der Regel ruhig. Und hier beginnt das Problem.

Wir brauchen Erfolgserlebnisse

Wenn wir keinen Erfolg haben mit dem, was wir tun, wird es schwer. Wenn wir nicht wissen, ob wir unser gesetztes Ziel auch erreichen, oder wenn wir nicht wissen, was wir tun müssen, um dieses Ziel zu erreichen, wie motiviert sind wir dann, loszulegen? Wie motiviert sind wir, den Hörer in die Hand zu nehmen und zu telefonieren? Fliegen uns dann auch noch die „Neins" um die Ohren und tun sie das immer öfter, glauben wir immer weniger daran, dass Akquise funktioniert. Irgendwann sind wir vielleicht sogar davon überzeugt, dass wir es einfach nicht können. Oder wir suchen Gründe und Ausreden, warum es gar nicht gehen kann.

Ein ähnliches Phänomen kennen Sie vielleicht aus Ihrer Schulzeit. Fast jeder von uns hatte ein Fach, in dem er einfach nicht zurechtkam. Und je öfter wir gescheitert sind, desto mehr dachten wir, wir können es nicht. Das Ergebnis waren Aussagen wie: „Ich bin im Sport einfach eine Niete." „Ich bin eben unmusikalisch." „Ich steh auf Kriegsfuß mit Mathematik." Aus heutiger Sicht finde ich das traurig und auch gefährlich. Ich glaube nämlich, dass wir alle in der Lage sind, etwas zu können, wenn wir es nur wollen. Die Voraussetzung dafür, dass wir etwas wollen, ist jedoch: Es muss uns Spaß machen, wir müssen Erfolg haben und wir müssen wissen, was wir tun müssen, um Erfolg zu haben. Übertragen auf die Akquise heißt das: Wenn wir schon akquirieren, müssen wir dafür sorgen, dass wir auch Erfolg haben. Wir müssen wissen, dass wir auch ans Ziel kommen. Und wir müssen wissen, was dafür zu tun ist. Wir brauchen also ein Controlling-Instrument, das uns erfolgreich ans Ziel führt. Eine Art Navigator, der uns sagt, wo wir rauskommen, wenn wir so weitermachen wir bisher, der uns aber auch sagt, was wir tun müssen, um unser gesetztes Ziel zu erreichen.

Der AIDA-Faktor

Dieses Steuerungs- und Controlling-Instrument ist der AIDA-Faktor. Ein „altes" Akquise-Instrument, von dem fast jeder Verkäufer schon einmal gehört hat, das viele aber auch schon wieder vergessen haben oder einfach nicht anwenden. AIDA beschreibt die vier relevanten Abschlussphasen A, I, D und A. Der AIDA-Faktor stellt die Abschlussperformance eines Verkäufers dar. Er beschreibt die Quote, die ein Verkäufer braucht, um in die nächste Verkaufsphase zu kommen. Mithilfe des Faktors wird dann das für die anvisierten Abschlussziele benötigte Potenzial ermittelt oder auch, ob das vorhandene Potenzial ausreicht und wo man landet, wenn man so weitermacht wie bisher.

Phase	Faktor	Potenzial
A	20	120
I	3	6
D	2	2
A		1

Abb. 2: Der AIDA-Faktor

Voraussetzung für den Einsatz des AIDA-Faktors ist, dass man seine Quoten kennt. Nehmen wir das Beispiel in Abbildung 2: Wir starten in der vierten Phase „A" (Abschluss) und messen, wie viele Kunden wir in Phase „D" („desire" bzw. Verlangen) brauchen, damit ein Kunde abschließt. Im Beispiel wären es zwei Kunden. Der Faktor von „D" zu „A" ist demzufolge 2, oder anders ausgedrückt: Wir haben hier eine Quote von 2:1.

So geht es weiter über die einzelnen Phasen. Der Faktor von „I" (Interesse) zu „D" (Verlangen) beträgt in diesem Beispiel 3. Drei Menschen müssen sich für unser Angebot interessieren, damit schließlich einer davon begeistert ist und kaufen möchte. Der Faktor von „A" (Aufmerksamkeit) zu „I" (Interesse) beträgt 20. 20 Menschen müssen auf uns aufmerksam werden, damit einer übrig bleibt, der Interesse an unserem Angebot hat.

Kennen wir unsere Quoten, können wir das Potenzial ermitteln, das wir für unsere Abschlüsse brauchen. Angenommen, unser Ziel ist ein Abschluss in den nächsten vier Wochen, dann wissen wir durch AIDA: Wir brauchen zwei Kunden im Status „D", sechs Kunden im Status „I" und 120 Menschen im Status „A". Unser erster

Job ist es also, dafür zu sorgen, dass 120 potenzielle Kunden wissen, dass es uns gibt.

Rufen wir uns noch einmal die unterschiedlichen Akquise-Lager in Erinnerung. Was passiert jetzt, wenn Sie zum zweiten oder dritten Lager gehören und Ihre Quoten nicht kennen? Wenn Sie vielleicht nur 50 potenzielle Kunden in das System werfen, weil Sie denken, das reicht? Dann strengen Sie sich vielleicht vier Wochen lang an, investieren Zeit und Know-how. Mit welchem Ergebnis? Wo werden Sie nach den vier Wochen landen? Mit hoher Wahrscheinlichkeit nicht am Ziel. Und das Schlimmste ist, Sie wissen dann nicht einmal, warum Sie Ihr Ziel nicht erreicht haben. Dabei lag es ganz einfach daran, dass Sie zu wenig Abschluss-Potenzial in das System gepackt haben – weil Sie es nicht besser wussten.

Die Lösung: Arbeiten Sie mit dem AIDA-Faktor und steuern Sie Ihren Abschlusserfolg. Wenn Sie wissen, dass 120 potenzielle Kunden auf Sie aufmerksam werden müssen, dann wissen Sie, was Sie zu tun haben. Sie wissen aber auch, wie viele „Neins" Sie auf dem Weg zum Abschluss hören werden, und sind darauf vorbereitet. Dadurch tun Ihnen die „Neins" auch nicht mehr weh. Im Gegenteil: Sie wissen, sie gehören dazu.

Der AIDA-Faktor liefert Ihnen noch zwei Vorteile:

- Sie sehen Ihre Performance und können sich gezielt steigern. Sie erkennen, in welcher Phase Sie quotenmäßig stark sind und wo Sie noch schwach sind. Sie erkennen auch, wo Sie sich verbessert haben, und können gezielt trainieren.

- Sie nehmen den Druck aus dem Verkaufsprozess. Oft entsteht Druck aus zu wenig Potenzial. Haben Sie nur einen Kunden im Monat am Tisch, der kaufen will, werden Sie sich anders verhalten als ein Verkäufer, der drei Kunden am Tisch hat. Mit dem AIDA-Faktor entziehen Sie sich diesem Druck und wissen, was Sie tun müssen, um ans Ziel zu kommen.

Mit dem AIDA-Faktor steuern Sie den Abschlusserfolg. Ein unerfahrener und von den Werkzeugen her „schlechterer“ Verkäufer kann also einen Top-Verkäufer überholen, wenn er seine Quoten kennt und sich entsprechendes Abschluss-Potenzial verschafft.

Eine erfolgreiche Akquise ist kein Produkt des Zufalls. Der AIDA-Faktor macht Akquise und damit auch den Abschluss steuer- und planbar.

3.2 I: Interesse wecken in 30 Sekunden

Wir haben es geschafft, potenzielle Kunden auf uns aufmerksam zu machen. Jetzt geht es in die nächste Phase. Wir müssen Interesse wecken. Ziel dieser Phase ist, dass der Kunde aktiv wird. Dass er sich mit uns und unserer Dienstleistung auseinandersetzt, dass er weitere Informationen anfordert oder einen Termin haben möchte. Schaffen wir es nicht, dass sich der Kunde für uns interessiert, kommt es auch nicht zum Abschluss. Umgekehrt gilt: Je stärker das Interesse ist, das wir hier erzeugen, desto einfacher haben wir es später beim Abschluss.

Stellen Sie sich vor, Sie stehen im Supermarkt an der Tiefkühltruhe. Plötzlich sehen Sie Ihre Traumfrau oder Ihren Traummann. Er/Sie lächelt Sie an und Sie lächeln zurück. Was machen Sie jetzt? Die häufigsten Varianten: gar nichts tun oder in hilfloses Gestammel verfallen. Wir waren ja auf die Situation nicht vorbereitet. Haben wir Pech, dann war es das und wir sehen ihn oder sie nie wieder. Und wir ärgern uns zu Tode, darüber, dass wir nichts gemacht haben, oder darüber, dass uns nichts Gescheiteres eingefallen ist. Aber das kann ja mal passieren. Richtig ärgerlich wird es erst, wenn uns das Gleiche noch mal passiert, wenn wir beim nächsten Mal wieder nicht vorbereitet sind und in die gleiche Falle tappen.

Im Verkauf ist es einfacher. In der Regel wissen wir, wann wir auf unseren Kunden treffen, und können uns vorbereiten. Aber – tun wir das? Beruflich wie privat erlebe ich bei Fragen wie „Warum sollten wir uns wiedersehen?“ oder „Was machen Sie denn beruflich?“ nur hilfloses Gestammel. Wir sind eben nicht vorbereitet. Üblich sind Aussagen wie: „Ich bin unabhängiger Versicherungsmakler“, „Ich verkaufe Autos“, „Ich bin Computerspezialist“ oder „Ich berate Menschen in der Altersvorsorge“ usw. Wie überzeugend oder motivierend sind solche Aussagen?

Stellen Sie sich vor, Sie sind auf einer Veranstaltung und kommen mit Ihrem Tischnachbarn ins Gespräch. Sie fragen ihn, was er beruflich macht. Seine Antwort: „Ich bin Rechtsanwalt, spezialisiert auf Straf- und Steuerrecht. Wollen wir uns dazu mal austauschen?" Vermutlich werden Sie wenig Lust haben auf ein Plauderstündchen über das aktuelle Straf- und Steuerrecht in Deutschland – es sei denn, die Steuerfahndung hat es zufällig gerade auf Sie abgesehen. Dann sieht die Sache gleich ganz anders aus.

Damit meine ich: Wer kein Problem hat und kein Verlangen nach etwas, der ist auch nicht interessiert. Und ohne Interesse kein Abschluss.

Emotional bewegen – der Elevator Pitch

Stimmen Sie mir zu, dass die Aussage „Ich bin Altersvorsorgespezialist und berate meine Kunden in Versicherungsfragen" uns nicht wirklich emotional bewegt? Was halten Sie von folgender Alternative:

„Den meisten Menschen ist klar, dass sie etwas für ihre Altersvorsorge tun müssen. In der Regel sind sie völlig überfordert, was und mit wem. Dieses Problem nehme ich meinen Kunden ab. Ich bündele die Information für meine Kunden und verschaffe ihnen so Zugriff auf das komplette Expertenwissen mit nur einem Ansprechpartner in allen Finanzfragen. Interessiert Sie das?"

Würden Sie jetzt eher einen Termin machen? Anderes Beispiel:

„Viele Menschen haben das Problem, dass ihre Miete Jahr für Jahr steigt. Die Folge: Sie haben immer weniger Geld

in der Tasche. Ich zeige meinen Kunden, wie sie zukünftig von den jährlichen Mietsteigerungen sogar profitieren. Interessiert Sie das?"

Die Alternative wäre: „Ich bin Immobilienmakler und verkaufe Eigentumswohnungen."

Merken Sie den Unterschied? Beide Beispiele sind nach dem gleichen Schema aufgebaut. Nach der Elevator-Pitch-Formel. Elevator heißt Aufzug. Die Idee dahinter: Sie steigen im Erdgeschoss in den Fahrstuhl ein. Kurz darauf steigt jemand dazu. Die Tür schließt sich und Sie fahren in den 15. Stock. Die Fahrzeit beträgt ca. 30 Sekunden. Genauso lange haben Sie Zeit, um bei Ihrem Gegenüber so viel Interesse zu wecken, dass Sie beim Aussteigen die Visitenkarte haben und verbindlich auseinandergehen.

Mehr Zeit haben wir doch in der Praxis oft auch nicht, oder? Schaffen wir es in einer Mailingaktion nicht, dass sich der Leser in den ersten 30 Sekunden für mehr interessiert, landen wir in der Rundablage P. Haben wir unseren Kunden in den ersten 30 Sekunden des Verkaufsgesprächs verloren, schaffen wir es nur schwer und oft gar nicht, sein Interesse wiederzuerlangen. Haben wir es am Telefon nicht geschafft, in den ersten 30 Sekunden Interesse zu wecken, sind wir draußen aus der Leitung.

Hier hilft die Elevator-Pitch-Formel. Das Prinzip ist einfach: Die zwei Hauptmotivatoren, die uns in Bewegung setzen, sind Schmerz und Freude. Wir tun alles, um Schmerz zu vermeiden, und sehr viel, um Freude zu erlangen. Oft ist es die Angst, etwas zu verlieren, verletzt zu werden oder etwas nicht zu erreichen, die uns antreibt. Vielleicht die Angst, den Job zu verlieren, den Partner zu verlieren oder davor, weniger Geld zu haben. Oder aber uns treibt der Wunsch an, etwas zu erreichen: einen bestimmten Status, eine berufliche Position, einen bestimmten Kontostand, die Absicherung der Familie usw.

Angst und unser Bedürfnis nach Sicherheit, aber auch unsere Wünsche und Sehnsüchte gehören zu unseren stärksten Treibern. Wollen wir Interesse wecken, müssen wir diese Treiber treffen. Das Prinzip der Elevator-Pitching-Formel ist daher: vom Problem zur Lösung, vom Wunsch zum Ziel.

Der ElevatorPitch in drei Schritten:

1. **Problem-/Wunschdefinition**: Die meisten/Viele Menschen/Unternehmen haben das Problem/wünschen sich ...
2. **Lösungspräsentation:** Meine Lösung/Ich zeige ...
3. **Interessensbekundung:** Interessiert Sie das?/Interessiert Sie, wie ... ?

Hat Ihr gegenüber Interesse, haben Sie nur noch eine Aufgabe: einen Termin zu fixieren. Der Elevator Pitch setzt allerdings voraus, dass man die Probleme und Wünsche seines Kunden kennt. Ansonsten wird es schwer, eine Lösung anzubieten. Ein Hilfsmittel ist die Problem-Lösungs-Liste.

Übung: Probleme erkennen und Lösungen bieten

1. Nehmen Sie ein leeres Blatt Papier und teilen es in zwei Spalten. Auf die linke Seite schreiben Sie Probleme oder Wünsche und auf die rechte Seite schreiben Sie Lösungen.
2. Starten Sie mit der linken Seite. Sammeln Sie alles, was Ihnen zu möglichen Problemen und Wünschen Ihrer Zielgruppe einfällt.
3. Gehen Sie auf die rechte Seite. Überlegen Sie, welche Lösung Sie mit Ihrem Produkt/Ihrer Dienstleistung für die ermittelten Probleme und Wünsche bieten. Werten Sie noch nicht. Sammeln Sie erst einmal. Je mehr, desto besser.
4. Suchen Sie die drei Aussagen heraus, die am stärksten sind, und nun testen Sie diese. Je nach Reaktion Ihrer Kunden werden Sie so Ihren persönlichen, unverwechselbaren und erfolgreichen Elevator Pitch finden.

Sie können den Elevator Pitch auch für konkrete Akquise-Aktionen entwickeln, z. B. für eine bestimmte Zielgruppe oder einen Cross-Selling-Ansatz. Hier ein Beispiel für die Zielgruppe Versicherungen:

„Wir haben festgestellt, dass vor allem Unternehmen in der Versicherungsbranche das Problem haben, dass ... Unsere Lösung dafür ist ... Interessiert Sie das?"

Oder zum Thema Cross Selling:

„Bei unserer letzten Kundenbefragung haben wir festgestelllt, dass die meisten Kunden, die Produkt A bei uns gekauft haben, besonderes Interesse an Produkt B haben. Wir haben daher speziell für diese Kunden ... Interessiert Sie das?"

Eins ist noch wichtig: Stellen Sie am Ende eine geschlossene Frage. Gehen Sie mit einem klaren Ergebnis auseinander. Es gibt nur ein „Ja“ oder ein „Nein“, aber kein: „Ich habe vielleicht unter Umständen ... “ Wecken Sie bei Ihren Kunden Interesse. Denn ohne Interesse kein Abschluss.

Interesse entsteht auf dem Weg vom Problem zur Lösung. Es gibt zwei Hauptemotionen, die uns in Bewegung setzen: Schmerz und Freude. Die müssen wir treffen. Dabei hilft uns ein Elevator Pitch, also eine speziell darauf ausgerichtete Kurzpräsentation. 30

3.3 D: Verlangen – nur drei Worte

Potenzielle Käufer wissen nun, dass es uns gibt, und sie interessieren sich für uns. Wir sind damit in der vorletzten Phase. Jetzt heißt es, Interesse in Verlangen umwandeln. Ziel dieser Phase ist, dass der Kunde am Ende sagt: Ich will kaufen.
Was nicht funktioniert, aber immer wieder versucht wird: dem Kunden sämtliche Produktvorteile zu präsentieren, in der Hoffnung, ihn so zu überzeugen. Wir ziehen ein Ass nach dem anderen aus dem Ärmel – und der Kunde? „Vielen Dank, das war eine sehr gute Beratung. Wir überlegen uns das. Wir melden uns wieder bei Ihnen.“ Wumms. Der Tritt in die Magengrube. Der

Verkäufer wundert sich, warum das nicht geklappt hat. Er hat doch alles so schön erklärt. Und genau das war der Fehler!
Falls Sie jetzt denken: „Moment mal, vielleicht überlegt sich der Kunde das ja wirklich!", dann tun Sie sich bitte einen Gefallen: Streichen Sie solche Gedanken aus Ihrem Verkäuferhirn. Die Hoffnung stirbt bekanntlich zuletzt, aber Hoffnung ist kein guter Ratgeber. Wenn Sie Ihren Abschlusserfolg selbst steuern und nicht vom Zufall abhängig sein wollen, müssen Sie den richtigen Köder auswerfen. Ihr Kunde muss anbeißen, bevor Sie den Sack zumachen können!
Wie Sie das schaffen? Erinnern Sie sich noch, wie es sich angefühlt hat, als Sie sich das letzte Mal so richtig verliebt haben? Wie war das damals, als Ihnen klar wurde, dass da mehr ist als nur Interesse? Als Ihnen klar wurde: Diesen Menschen möchten Sie für sich begeistern, für sich gewinnen? Wie haben Sie das gemacht? Haben Sie alles von sich preisgegeben? Haben Sie alles über Ihren Beruf, Ihr Haus, Ihr Auto, Ihre Ausbildung, Ihren Kontostand, Ihre vergangenen Krankheiten, Ihre Exfreunde bzw. Exfreundinnen und Ihre Kindheit erzählt und so versucht, Ihren Partner zu ködern? Wahrscheinlich nicht. Ich vermute, Sie haben Ihre Informationen nur häppchenweise preisgegeben. Sie haben die Katze nicht gleich aus dem Sack gelassen. Sie haben alles getan, um weiterhin interessant zu bleiben, um Neugier und Verlangen zu erzeugen. Wenn wir gleich alles preisgeben, dann wirken wir

langweilig. So ist das auch im Verkauf. Bringen wir gleich alle Fakten auf den Tisch, machen wir unseren Kunden schlau und unsere Mitbewerber reich. Dann hat sich unser Kunde bei uns informiert und kauft woanders.

Wie wir den richtigen Köder auswerfen

Machen wir einen kurzen Ausflug in die Evolutionsgeschichte. Das menschliche Gehirn besteht (sehr vereinfacht dargestellt) aus den drei Bereichen Stammhirn, Zwischenhirn und Großhirn. Der entwicklungsgeschichtlich älteste Teil des Gehirns ist das Stammhirn. Es entwickelte sich mit der Entstehung der ersten Wirbeltiere. Mit den Säugetieren entstand dann das Zwischenhirn und ihm folgte mit den Primaten das Großhirn. Alle drei Teile haben unterschiedliche Funktionen und Aufgaben. Im Stammhirn sitzen unsere Urinstinkte. Es regelt unser Überleben und kennt vereinfacht drei Verhaltenszustände: Wir greifen an, wir rennen weg oder wir machen gar nichts und fallen in die Totenstarre. Im Zwischenhirn sitzen unsere Emotionen, also Gefühle wie Angst, Vertrauen, Liebe, Hass, Sicherheit usw. Das Großhirn ist für den Bereich zuständig, über den wir uns so gerne definieren: das rationale Denken. Hier sitzt unser Verstand. Der Mensch, das vernünftige Wesen. Sind wir das wirklich?

So weit die Theorie. Aber was hat das jetzt alles mit Verkaufen zu tun? Man hat untersucht, wo und wie Menschen Entscheidungen fällen, wo und wie Verhal-

ten, also auch Abschlussverhalten, gesteuert wird. Das Ergebnis: Verhalten wird im Zwischenhirn gesteuert, also im Bereich der Emotionen. Hier werden primäre Entscheidungen gefällt.
Gucken wir uns vor diesem Hintergrund mal „typische" Verkaufsgespräche an: Wie oft und vor allem wie lange und ausführlich wird im Verkauf über das Produkt geredet? Über seine Merkmale und Eigenschaften, über Zahlen, Daten und Fakten? Damit sprechen wir aber den „falschen" Teil des Gehirns an, nämlich das Großhirn. Wollen wir Verhalten steuern, müssen wir das Zwischenhirn erreichen, das heißt, wir müssen die Emotionen treffen. Das gelingt uns aber nicht, wenn wir dem Kunden das Produkt, also das „Was", und seine Merkmale, also das „Wie", erklären. Das Zwischenhirn erreichen wir mit dem „Warum". Das „Warum" entscheidet, ob ein Kunde kauft oder nicht. Würden Sie etwas tun, wenn Sie nicht wissen, warum? Warum sollte ein Kunde das dann tun?
Eines der besten „Warums", die ich kenne, ist die Liebe. Versuchen Sie mal, Liebe rational zu erklären, also mit dem Verstand. „Liebe ist eine Geisteskrankheit", sagte Platon. Rein körperlich betrachtet stimmt das sogar annähernd. Das „Was" und „Wie" der Liebe: ein Cocktail aus Hormonen, der durch unsere Blutbahn rauscht. Es wird mehr Dopamin produziert, weniger Serotonin, mehr Adrenalin und mehr Cortisol. Das alles hat uns aber nicht wirklich interessiert, als wir uns für unseren Partner entschieden haben, oder? Uns hat das „Warum" interes-

siert: das Gefühl, endlich den Richtigen bzw. die Richtige gefunden zu haben. Liebe sitzt im Zwischenhirn!
Die Aufgabe des Großhirns: das zu erklären, zu rationalisieren, was man fühlt. Das Problem: Menschen streben nach Konsistenz. Wir wollen, dass sich die Sachen „stimmig" anfühlen. Unser Großhirn legt sich die Zahlen, Daten und Fakten daher so zurecht, dass sie unserem Gefühl entsprechen. Vielleicht ahnen Sie es bereits: Das muss nicht immer der Realität entsprechen. Das ist die Falle: Wir merken nicht, was unser Großhirn sich eigenmächtig „zurechtbastelt". Wir sind felsenfest davon überzeugt, dass die Dinge so sind, wie sie uns erscheinen, vielleicht sogar, dass wir uns rational für unseren Partner, unser neues Haus, das Auto usw. entschieden haben. Das haben wir vielleicht auch, aber erst in zweiter Instanz. Entschieden haben unsere Emotionen, entschieden hat unser Zwischenhirn.
Zurück zum Verkauf: Wollen wir den richtigen Köder ins Becken werfen, müssen wir zuerst die Emotionen unseres Kunden treffen und nicht den Verstand.

Die drei Worte

Ich mag es, die Dinge so einfach und unkompliziert wie möglich zu halten. Daher habe ich den für mich einfachsten Verkaufsleitfaden dieser Welt entwickelt. Er hat genau drei Worte: „Was", „Wie" und „Warum".

- Das „Was" ist das Produkt, die Dienstleistung. Das „Was" kennen wir alle. Jeder Verkäufer kennt sein Produkt und die objektiven Merkmale und Eigenschaften – in der Regel zu 100 %. Er kennt sie, also redet er darüber.

- Das „Wie" ist der objektive Nutzen. Einige Verkäufer sprechen auch das „Wie" an: Wie genau funktioniert das Produkt? Was kann es? Was leistet es?
- Das „Warum" ist der individuelle, emotionale Nutzen. Die wenigsten Verkäufer sind sich bewusst über das „Warum". Warum gibt es Ihr Produkt? Warum soll der Kunde sich gerade für dieses Produkt entscheiden? Und warum nicht für das der Mitbewerber? Warum gibt es Ihr Unternehmen? Warum soll der Kunde sich dafür entscheiden? Und warum nicht für die Konkurrenz? Warum soll er sich überhaupt entscheiden? Können Sie diese Fragen spontan beantworten?

Vom „Warum" zum „Was" und „Wie"

Die Tatsache, dass es Ihr Unternehmen seit 40 Jahren gibt oder dass Sie das beste Preis-Leistungs-Verhältnis bieten, ist keine gute Begründung. Warum? Das behaupten andere auch.

Das „Warum" ist der persönliche, individuelle Nutzen des Kunden – und damit Ihre Daseinsberechtigung als Verkäufer. Das „Warum" beantwortet die Frage: „Was habe ich davon?" Was bedeutet es für diesen einen Kunden, wenn er kauft – nicht gleichzeitig auch für jeden anderen Kunden? Das „Warum" ist der Emotionsköder.

Viele Verkäufer sind sich aber gerade über das „Warum" nicht im Klaren, und selbst wenn, verkaufen sie oft in die falsche Richtung. Da wird hoch motiviert beim „Was" gestartet: Das Produkt und seine vielen Vorzüge werden erklärt. Der allgemeine Nutzen wird präsentiert. Aber das „Warum" bleibt irgendwo auf der Strecke. Dennoch wird erwartet, dass der Kunde kauft. Warum sollte er? Das „Was" und das „Wie" haben doch tausend andere auch. Damit sind Sie austauschbar.

Das „Warum" macht Sie dagegen einzigartig für Ihren Kunden. Das ist der Köder, den Sie auswerfen müssen. Verkaufen Sie in die richtige Richtung – vom „Warum" zum „Was". Entwickeln Sie als Erstes Ihren Emotionsköder, Ihr „Warum". Setzen Sie dazu die Brille Ihres Kunden auf und wenden Sie die MÄRZ-Formel an. MÄRZ steht für Motive, Ängste, Risiken und Ziele.

Übung: Vom Produktnutzen zum Emotionsköder

1. Schreiben Sie auf eine Seite eines Blattes Papier „Produktnutzen", auf die andere „Emotionsköder".
2. Listen Sie unter „Produktnutzen" alles auf, was Ihr Produkt leistet, also den allgemeinen Nutzen.
3. Bauen Sie die Emotionsbrücke mithilfe der MÄRZ-Formel: Was leistet Ihr Produkt mit Blick auf die persönlichen Motive Ihres Kunden? Was bedeutet es für seine Ängste, seine Risiken und seine Ziele? Listen Sie Ihre Einfälle unter „Emotionsköder" auf.

Tipp: Mit der MÄRZ-Formel haben Sie auch gleichzeitig die Grundlage für neue Elevator Pitches gelegt. Die Ängste und Risiken, die Sie aufgelistet haben, betreffen das Problem; die Ziele und Motive betreffen die Wünsche. Probieren Sie es aus!

Sie nutzen Ihr Produkt als Vehikel, um die Emotionen Ihres Kunden zu befriedigen. Wie beim Elevator Pitch müssen Sie auch hier die beiden Hauptemotionen Schmerz und Freude treffen. Haben Sie in der Phase „I“ (Interesse) Ihren Job richtig gemacht, kennen Sie bereits die Probleme und Wünsche Ihres Kunden und können jetzt mit der MÄRZ-Formel den dramaturgischen Bogen weiter ausbauen. Wenn Sie das schaffen, sind Sie genau da, wo Sie sein wollen: im Zwischenhirn Ihres Kunden.

Hat Ihr Kunde angebissen, wird es Zeit für die Fakten. Jetzt braucht das Großhirn Futter. Jetzt braucht Ihr Kunde die Möglichkeit, seine auf emotionaler Ebene bereits getroffene Entscheidung rational zu rechtfertigen. Dafür braucht er Fakten. Die Zeit für das „Wie“ und das „Was“ ist nun gekommen. Vielleicht wird Ihr Kunde am Ende sogar behaupten, er habe sich völlig rational entschieden. Lassen Sie ihn in dem Glauben. Wichtig ist: Er hat angebissen. Und jetzt können Sie den Sack zumachen.

30 *Wir müssen den richtigen Köder auswerfen, indem wir zuerst das „Warum“ ansprechen: den individuellen, emotionalen Kundennutzen. Denn Entscheidungen werden im Zwischenhirn gefällt, dem Bereich, der für Emotionen zuständig ist. Anschließend sorgen das „Was“ und das „Wie“ für eine rationale Begründung der Entscheidung.*

3.4 Aplus: Abschluss – den Sack zumachen

Wir glauben, der Kunde hat angebissen. Er will kaufen. Das einzige Ziel in dieser Phase: den Sack zumachen. Aber es gibt Kunden, die jetzt noch abspringen. Warum? Verantwortlich dafür sind:

1. Gründe, die wir nicht beeinflussen können.
2. Gründe, die wir beeinflussen können.

In meinen Augen ist es kaum sinnvoll, sich mit Gründen zu befassen, die außerhalb unseres Einflussbereiches liegen. Solche Gründe sind z. B. veränderte Rahmenbedingungen wie etwa eine gescheiterte Finanzierung, eine Trennung oder eine Erkrankung. Befassen wir uns also mit der zweiten Kategorie. Die können wir nämlich beeinflussen. Oft sind wir, also unser Verhalten bzw. Agieren als Verkäufer, sogar selbst der Grund.
Stellen Sie sich vor, Sie laufen ein 400-Meter-Rennen. Der Start misslingt und auch während des Rennens kommen Sie nicht wirklich in Fahrt. Kurz vor dem Ziel wollen Sie es dann wissen und mobilisieren all Ihre Kräfte. Wie groß ist die Wahrscheinlichkeit, dass Sie es dann noch schaffen, zu siegen? Nicht wirklich hoch, oder?
Genauso ist es im Verkauf. Haben Sie Ihren Kunden in den drei vorherigen Phasen emotional verloren, werden Sie es am Ende kaum schaffen, ihn wieder einzufangen. Wie schon mehrfach gesagt: Der Abschluss beginnt am Anfang des Verkaufsprozesses und nicht am Ende.

Die Hoffnung stirbt zuletzt

Was machen Sie, wenn Ihr Kunde am Ende Ihres Verkaufsgespräches zu Ihnen sagt: „Ich muss mir das noch überlegen“? Verabschieden Sie ihn dann mit Worten wie: „Das verstehe ich, machen Sie das, ich melde mich dann bei Ihnen“? Oder gehen Sie dann noch einmal in Ihre Produktpräsentation oder starten Ihre Einwandbehandlung? Oder ziehen Sie jetzt Ihre gelernten Abschlusstechniken aus dem Ärmel?

Fakt ist: Haben wir in den ersten drei Phasen des Verkaufes unseren Job richtig gemacht, kommen wir erst gar nicht in diese Situation. Unser Kunde hat angebissen und will kaufen. Haben wir aber irgendwo einen Fehler gemacht, gibt es nur eins: wieder zurück in Phase D (Verlangen). Offensichtlich haben wir noch nicht den richtigen Köder gefunden.

Viele Verkäufer lassen den Kunden jetzt aber laufen, in der Hoffnung, er würde es sich noch einmal überlegen. So funktioniert das jedoch in den meisten Fällen nicht, höchstens ab und zu. Möchten Sie zu der Art Verkäufer gehören, über die man sagt: „Ein blindes Huhn findet auch mal ein Korn“?

Ein Verkauf endet immer mit einem Ergebnis: mit einem „Ja“ oder einem „Nein“. Ein „Ich überlege es mir“ ist kein Ergebnis. Die einzige Ausnahme: Ihnen ist die Situation aus dem Ruder gelaufen. Sie ist so angespannt, dass es nichts bringt, jetzt noch weiter zu verkaufen. Dann entscheiden *Sie*, den Verkaufsprozess zu unterbrechen. Ein Beispiel:

Ihr Kunde sagt, er müsse sich das noch überlegen. Ihre mögliche Reaktion ist: „Ich denke, Sie sollten sich jetzt in Ruhe mit meinem Angebot befassen. Ich schlage vor, Sie setzen sich die nächsten drei Tage mit den Vor- und Nachteilen auseinander, schreiben alles auf und dann setzen wir uns wieder zusammen. Als Termin ginge ..."

So behalten Sie das Steuer in der Hand. Sie entscheiden und geben trotzdem Ihrem Kunden das Gefühl, dass er seinen Willen bekommen hat. Gleichzeitig nehmen Sie den Druck aus der Situation. Druckverkauf führt zu unglücklichen Kunden und/oder zum Storno.

Solche schwierigen Situationen sind allerdings die Ausnahme. Meistens ist Ihr Kunde noch bei Ihnen und es fehlt nur ein kleines Stück zum Abschluss. In diesen Fällen lassen Sie Ihren Kunden nicht laufen, sondern gehen wieder zurück zu Phase D (Verlangen). Finden Sie den richtigen Köder und schließen Sie ab.

Warum wir Kunden unterwegs verlieren

Es gibt vier Hauptgründe, die dazu führen, dass wir den Kunden irgendwo im Verkaufsprozess verlieren:

1) Wir halten die Reihenfolge nicht ein

Alle vier Verkaufsphasen sind relevant für den Abschluss. Sie bauen aufeinander auf. Der Spannungsbogen ist in Phase D am höchsten. Wollen wir abschließen, müssen wir die Reihenfolge einhalten und mit der richtigen Aktion und dem richtigen Werkzeug auf die jeweilige Phase reagieren. Ein Beispiel:

Oft wird Interesse mit Kaufabsicht verwechselt. Also „I" mit „D". Da signalisiert ein Kunde Interesse und was macht der Verkäufer? Er denkt: „Super, mein Kunde will kaufen." Dann legt er los. Er arbeitet Angebote aus, führt Preisverhandlungen, präsentiert sein Produkt. Und stellt dann die Abschlussfrage und kassiert einen Korb. Er war zu früh. Der Kunde hat noch nicht wirklich angebissen. Der Emotionsköder in Phase D wurde übersprungen.

Ein weiteres Beispiel:

Bei „A" (Aufmerksamkeit) wird mit „D" reagiert. Es wird gleich am Anfang der Köder ausgeworfen. Der Verkäufer verschießt gleich zu Beginn sein Pulver, obwohl er es noch gar nicht geschafft hat, Interesse zu wecken.

Reflektieren Sie Ihre Verkaufsgespräche. In welcher Phase verlieren Sie am häufigsten Ihre Kunden? Halten Sie die Reihenfolge ein oder springen Sie gerne mal zwischen den einzelnen Phasen hin und her?

Tipp: Ein Indiz dafür, dass Sie Ihren Kunden eigentlich schon verloren haben, ist die „Ja-Schleife". Sicher kennen Sie das: Jemand, mit dem Sie sich eigentlich gar nicht befassen wollen, redet immer weiter auf Sie ein. Irgendwann gehen Ihre Gedanken auf Reisen. Sie sind zu höflich oder trauen sich einfach nicht, das Gespräch abzubrechen. Das Einzige, was noch ab und zu von Ihnen zu hören ist, ist „Ja" oder „Hmm". Falls Sie ähnliche Reaktionen bei Ihrem Kunden bemerken, sollten Ihre Alarmsirenen losgehen. Sie sind auf dem besten Weg, Ihren Kunden zu verlieren oder haben ihn vielleicht schon verloren.

2) Die Angst vor dem „Nein"

Der zweite Fallstrick, über den wir auf dem Weg zum Abschluss stolpern, ist die Angst vor dem „Nein".

Stellen Sie sich vor, Sie sehen jemanden, den Sie wahnsinnig gerne kennenlernen möchten. Sie müssen ihn/sie eigentlich nur ansprechen. Aber genau das machen Sie nicht. Warum? Aus Angst vor Ablehnung. Aus Angst, eine Abfuhr zu bekommen, aus der Angst vor dem „Nein".

Kaum eine andere Berufsgruppe wird mit so vielen „Neins" konfrontiert wie Verkäufer. Ein „Nein" tut erst einmal weh und bedeutet Ablehnung. Die natürliche Reaktion: Man versucht auszuweichen. Das ist absolut normal und nachvollziehbar, aber es bringt uns nicht weiter. Angst lähmt und hemmt uns. Und ein gelähmter oder gehemmter Verkäufer ist nicht unbedingt ein Garant für den Abschluss.

Kennen Sie diesen Satz: „Du darfst das ‚Nein' nicht persönlich nehmen"? Ich konnte das nie nachvollziehen: Wenn ich das „Nein" nicht persönlich nehmen soll, wer denn dann? Es war vielleicht nicht persönlich gemeint, aber ich habe es persönlich genommen. Zum Glück! Aber nicht in Form, dass ich mich als Loser gefühlt hätte, sondern so, dass ich mir vornahm: „Das passiert mir beim nächsten Mal nicht wieder!"

Wenn ich mich als Verkäufer weiterentwickelt, wenn ich etwas gelernt habe, dann aufgrund der „Neins", die ich hören musste und die ich persönlich genommen habe. Ein „Nein" war für mich der Impuls: „Jetzt erst recht!“ Nach einem verpatzten Verkauf habe ich mir jedes Mal die Frage gestellt: „Was habe ich falsch gemacht?“ Ich bin also nicht weggelaufen, sondern ich habe mich der Situation gestellt. Die Folge: Ich wurde immer besser. Mit jedem „Nein“, das ich bekommen habe, habe ich mich gesteigert.

3) Die Angst vor dem „Ja“

Vielleicht noch häufiger vertreten als die Angst vor dem „Nein“ ist die Angst vor dem „Ja“. Vielleicht haben Sie das schon einmal erlebt: Sie wollen etwas unbedingt haben oder erreichen. Sie sind kurz vor dem Ziel – und bekommen plötzlich ein ungutes Gefühl und zweifeln. Woher kommt so etwas?

- *„Ich will meine Kunden nicht überreden, ich kann sie doch nicht überrumpeln.“*
- *„Ich muss meinen Kunden erst richtig beraten, ehe er kauft.“*
- *Ich will erst alle relevanten Informationen liefern. Ich möchte mir später nichts vorwerfen lassen.“*
- *„Ich will nicht manipulieren.“*
- *„Jetzt muss ich das auch noch liefern.“*

Hinter all diesen Aussagen steht die Angst vor dem „Ja“. Hinter den ersten vier Punkten steht die Angst, den Kunden zu etwas zu „drängen“, was er vielleicht gar nicht will. Es steht die Angst dahinter, Verantwortung für den Deal zu übernehmen. Diese Angst hat meistens nur einen Grund: Man steht nicht voll hinter seinem

Produkt bzw. seiner Dienstleistung. Erfolgreich verkaufen und abschließen heißt aber: zu 100 % hinter seinem Produkt und seiner Dienstleistung zu stehen. Und die Verantwortung für den Abschluss zu übernehmen.

Meine Lieblingsaussage in diesem Kontext: „Ich will/kann doch nicht manipulieren." Moment mal, wir sind Verkäufer. Es ist unser Job, zu manipulieren! Und ist nicht das ganze Leben Manipulation? Wenn wir uns davon befreien wollten, dürften wir das Haus nicht mehr verlassen. Außerdem: Wenn Sie nicht manipulieren, zwingen Sie Ihren Kunden, sich vom Wettbewerb manipulieren zu lassen. Also: Wenn Sie verkaufen wollen, dann manipulieren Sie auch. Falls Sie das nicht akzeptieren können, überlegen Sie mal: Stehen Sie wirklich hinter dem, was Sie tun? Zu 100 %? Sind Sie im richtigen Job und verkaufen Sie das richtige Produkt?

Die letzte der Aussagen – „Jetzt muss ich das auch noch liefern" – fällt eher unter die Rubrik: „Was habe ich mir da nur wieder eingebrockt?" Waren Sie schon mal so sehr in Ihrem Element, dass Sie Ihrem Kunden im Eifer des Gefechts Dinge zugesagt haben, von denen Sie im Nachhinein dachten: „Hoffentlich hat er sich das nicht gemerkt"? Wenn ja, wissen Sie, dass Kunden gerade solche Versprechen nicht vergessen. Jetzt müssen Sie liefern. Dumm gelaufen.

4) Wir reden zu viel, statt etwas zu tun

Der letzte Grund, warum wir kurz vor der Ziellinie noch scheitern: Wir reden einfach zu viel. Wir schieben die

Abschlussfrage in Richtung Zukunft. Ein Grund dafür kann die Angst vor dem „Ja“ oder „Nein“ sein. Ein Grund kann aber auch sein, dass wir intuitiv wissen, dass der Kunde noch gar nicht angebissen hat. Wir sind bloß nicht bereit, es uns einzugestehen. Wir wollen das „Nein“ nicht hören, noch nicht. Wir hoffen, noch irgendetwas retten zu können, doch das funktioniert leider meistens nicht. In der Abschlussphase geht es darum, zu ernten, was wir drei Phasen lang gesät haben – und nicht darum, über die Ernte oder den Ackerbau an sich zu reden. Entweder wir stellen jetzt die Abschlussfrage oder wir gehen wieder zurück in Phase D (Verlangen).

Die Tipps für den Abschluss auf einen Blick:

- Beachten Sie die Reihenfolge im AIDAplus-System und setzen Sie das jeweils relevante Werkzeug ein.
- Werden Sie sich Ihrer Ängste vor dem „Ja“ und vor dem „Nein“ bewusst.
- Sichern Sie in Phase D den Abschluss mit Bestätigungsfragen ab und prüfen Sie damit, ob Sie auf Zielkurs sind und der Kunde noch bei Ihnen ist.
- Hat Ihr Kunde noch nicht angebissen, gehen Sie wieder zurück in Phase D.
- Seien Sie konsequent und haben Sie einen klaren Fokus. Es gibt nur „Ja“ oder „Nein“.
- Setzen Sie den Impuls zum Abschluss – es ist Ihre Aufgabe.

Der Abschluss beginnt am Anfang des Verkaufsgespräches und nicht am Ende. Die vier Phasen A (Aufmerksamkeit), I (Interesse), D (Verlangen), Aplus (Abschluss) entscheiden darüber, ob ein Kunde abschließt oder nicht. Wir müssen für jede Phase die entsprechenden Werkzeuge kennen und anwenden. 30

- ***Der AIDA-Faktor ist das Steuerungs- und Controlling-Instrument auf dem Weg zum Abschluss. Akquise wird steuer- und planbar; ebenso der Abschluss.***
- ***Um in möglichst kurzer Zeit Interesse zu wecken, sollten wir einen Elevator Pitch, also eine pointiert formulierte Kurzpräsentation nutzen. Interesse entsteht auf dem Weg vom Problem zur Lösung, nicht durch das Produkt.***
- ***Der Emotionsköder entscheidet, ob ein Kunde kauft oder nicht. Erst kommt das „Warum", dann das „Was" und das „Wie".***
- ***Abschließen heißt, Verantwortung für den Deal zu übernehmen. Am Ende der Abschlussphase gibt es nur ein „Ja" oder ein „Nein".***

30 MINUTEN

Wie schaffen Sie es, in die richtige Richtung zu laufen?

Wie schaffen Sie es, Umwege zu vermeiden?

Was könnte Sie dennoch abhalten und wie gehen Sie damit um?

4. Das Können – zwischen Wissen und Können liegt Üben

Erinnern Sie sich an den 100-Meter-Läufer aus dem ersten Kapitel? Er hat unzählige Bücher über seinen Sport gelesen und kennt sich theoretisch bestens mit dem Laufen aus – doch kann er es deswegen?

Einfach anfangen ist jedoch auch keine Lösung: Stellen Sie sich vor, Sie fahren mit Ihrem Auto los, ohne ein Ziel zu haben. Das kann schön sein – aber wo kommen Sie hin?

Doch selbst wenn man sein Ziel kennt, hat es keinen Sinn, sofort loszulaufen. Wieder ein Beispiel: Sie stehen am Fuß eines Berges und Ihr Ziel, den Gipfel, haben Sie fest Blick. Sie laufen los – haben aber keine Karte dabei. Wie groß ist wohl die Wahrscheinlichkeit, dass Sie ankommen? Und wie wahrscheinlich ist es, dass Sie sogar den direkten Weg finden?

Auch für den Verkauf gilt: Um erfolgreich zu sein, müssen Sie trainiert sein, Ihr Ziel kennen und auch den Weg dorthin.

4.1 Der Zielnavigator

In Kapitel 2 und 3 haben wir schon gesehen, wie wichtig das „Warum“ auf dem Weg zum Abschluss ist. Weiß ein Kunde nicht, warum er etwas tun soll, tut er es nicht. Wissen Sie nicht, warum Sie etwas tun sollen, tun Sie es auch nicht. Wissen Sie nicht, warum Sie abschließen *wollen,* tun Sie es nicht. Zumindest nicht so gut, wie Sie es könnten. Das „Warum“ ist die Nadel Ihres Erfolgskompasses. Sie zeigt Ihnen den optimalen Weg zum Abschluss.

Übung: Ziele finden
Was sind Ihre drei Hauptziele in diesem Jahr? Denken Sie nicht lange darüber nach, schreiben Sie sie einfach auf:

1. ______________________________
2. ______________________________
3. ______________________________

Frage ich meine Seminarteilnehmer nach ihren Zielen, höre ich oft: „Mehr Geld verdienen.“ „Erfolgreich sein.“ „Reich werden.“ Usw. Sind das wirklich Ziele? Ist das wirklich das „Warum“? Das, was uns in Bewegung setzt? Oftmals sind wir uns unseres „Warums“ gar nicht bewusst. Vielleicht ist es gar nicht das Geld, das wir wollen, sondern das, was es uns ermöglicht – vielleicht Freiheit. Vielleicht ist es gar nicht der Abschluss, den wir wollen, sondern das, was er bewirken könnte –

vielleicht der Karrieresprung. Vielleicht ist es gar nicht der Erfolg, den wir wollen, sondern das, was damit einhergeht – vielleicht Anerkennung.
Das „Warum" ist unser Hauptmotiv, also unser Haupttreiber, der durch unser Handeln befriedigt werden muss. Für mich ist es der Lebensmotor. Vielleicht fragen Sie sich jetzt: Was hat das denn mit dem Abschluss zu tun? Eine ganze Menge. Befriedigt unser Handeln und Tun nicht unseren Lebensmotor, fahren wir nur mit halber Kraft. Wir verdienen vielleicht Geld, wir schließen vielleicht sogar ab, aber wir nutzen nicht unser volles Potenzial. Auf Dauer geht das nicht gut – es kommt zum Motorschaden, plötzlich geht gar nichts mehr.
Wird durch Ihr tagtägliches Tun Ihr „Warum" befriedigt? Bestätigt Ihr Dasein als Verkäufer Ihren Antrieb? Wenn nicht, brauchen Sie sich nicht zu wundern, dass Sie immer wieder am erfolgreichen Abschluss vorbeisegeln und nicht Ihre Maximalpower abrufen können.
In Kapitel 2.3 haben Sie sich ja schon intensiv mit Ihrem „Warum", Ihrem Lebensmotor beschäftigt. Um sicherzustellen, dass Ihre Ziele und Ihr tagtägliches Tun Ihrem „Warum" entsprechen, brauchen Sie ein Werkzeug, das Sie auf Ziel- und somit auf Abschlusskurs hält. Dieses Werkzeug ist der Zielnavigator.

Die Entwicklung Ihres Zielnavigators

Sie sind sich Ihres „Warums" bewusst und wissen, was Sie antreibt? Dann entwickeln Sie jetzt Ihren Zielnavigator. Spannen Sie Ihren Haupttreiber vor Ihre Ziele.

Nehmen Sie sich einen Zeitraum von zehn Jahren vor. Beamen Sie sich gedanklich in die Zukunft, und zwar genau zehn Jahre in die Zukunft. Wie sieht Ihr Leben aus? Wo sehen Sie sich als Verkäufer? Wo sehen Sie sich privat? Wie sieht Ihr Kontostand aus? Als Eckpfeiler für diesen Ausblick in die Zukunft nehmen Sie die drei relevanten Lebensbereiche: Berufsleben, Privatleben und gesellschaftliches Leben.

Im beruflichen Feld könnte zum Beispiel der Wunsch stehen: „Ich will der umsatzstärkste Verkäufer im Team sein und einen Gewinn von 200.000 € im Jahr realisieren." Im Privaten vielleicht: „Meine Kinder sollen auf die Mustermann-Schule gehen." Und im gesellschaftlichen Bereich vielleicht: „Mein politisches Engagement soll wie folgt aussehen ..."

Haben Sie Ihre Ziele visualisiert? Sehen Sie Ihr Leben in zehn Jahren klar vor sich? Dann prüfen Sie, ob das, was Sie sehen, auch kongruent mit Ihrem Haupttreiber ist. Ist es das nicht, überlegen Sie, ob es wirklich Ihr Ziel ist. Vielleicht haben Sie unbewusst ein fremdes Ziel adaptiert?

Jetzt entwickeln Sie anhand eines Stufenplanes den Weg zu Ihrem Ziel, und zwar in einzelnen Etappen. Planen Sie rückwärts, also von Ihrem Ziel aus startend. Ihre erste Etappe, die Sie festlegen, hat ihren Endpunkt in zehn Jahren, Ihre zweite in fünf Jahren, Ihre dritte in drei Jahren, dann folgen ein Jahr, ein halbes Jahr, ein Monat und eine Woche. So kommen Sie insgesamt auf sieben Etappen.

Wäre Ihr Ziel zum Beispiel, in zehn Jahren 200.000 € Gewinn pro Jahr zu erzielen, sollten Sie sich dazu folgende Fragen stellen: Wo stehen Sie dann in fünf Jahren? Warum und wie haben Sie es geschafft, dahin zu kommen? Wie viel Abschlüsse brauchen Sie für Ihr Ziel? Wie müssen Ihre Quoten sein? Und wo stehen Sie dann in drei Jahren? Warum und wie haben Sie es geschafft, dahin zu kommen? Wie sehen Ihre Quoten jetzt aus? Diesen Gedanken verfolgen Sie immer weiter, bis Sie bei Ihrer letzten Etappe, der kommenden Woche, angelangt sind. Ein Tipp: Der AIDA-Faktor kann helfen, die Etappenziele zu formulieren.
Drei Navigationsfragen sind entscheidend bei der Entwicklung Ihres Zielnavigators:

- Was will ich erreicht haben?
- Warum will ich das erreicht haben?
- Wie komme ich dahin?

Darüber müssen Sie sich Klarheit verschaffen. Und zwar für jede einzelne Etappe. Sie haben jetzt Ihren Zielnavigator, einen Handlungsplan, der kongruent ist mit Ihrem Haupttreiber, Ihrem Lebensmotor, Ihrem „Warum".
Achten Sie darauf, dass Ihr tägliches Tun möglichst innerhalb des Bereiches liegt, den Ihnen Ihr Zielnavigator vorgibt. Liegt Ihr Tun außerhalb, dann handeln Sie auch außerhalb Ihrer Ziele und Ihrer Motivation und damit auch außerhalb Ihrer Abschlussmotivation.

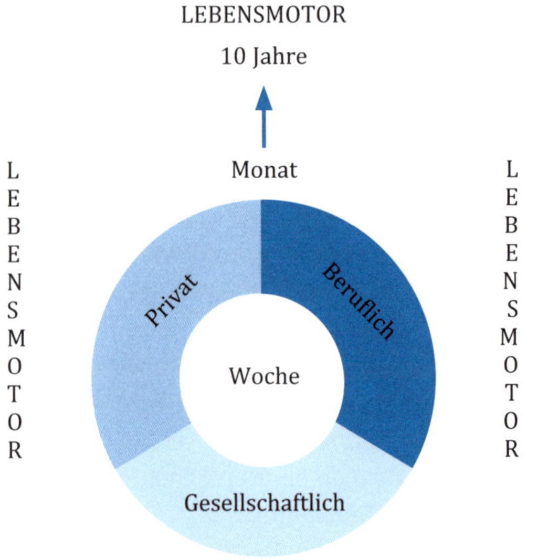

Abb. 3: Der Zielnavigator

Bleiben Sie flexibel

Aber eine Einschränkung gibt es doch: Das Leben ist nicht statisch, deshalb sollten es Ziele auch nicht sein. Ich habe Menschen getroffen, die wie verbissen ihren Zielen nachgejagt sind – und zwar Zielen, die sie vor zwölf Jahren einmal festgelegt haben. Sie haben es versäumt, immer mal wieder ein Zwischenfazit zu ziehen. Mittlerweile waren es gar nicht mehr ihre Ziele. Kein Wunder, dass sie nur mühsam vorankamen.
Ziehen Sie Zwischenfazits, erlauben Sie sich, Ihre Ziele neu zu definieren. Denken Sie aber immer daran, den erfolgreichen Abschluss in Ihren Zielen zu verankern.

Das „Warum" ist unser Lebensmotor. Es hilft uns, unseren Zielnavigator zu entwickeln: Wenn wir uns vorstellen, wo wir in zehn Jahren gerne stehen würden, können wir uns daran ausrichten und Etappenziele formulieren. 30

4.2 Der Zeitnavigator

Sie kennen Ihr Ziel und laufen los. Aber kommen Sie auch an? Oder anders gefragt: Was kann Sie abhalten? Kennen Sie das: Sie kommen morgens motiviert in Ihr Büro und legen los, Ihre To-do-Liste abzuarbeiten. Nach fünf Minuten kommt Ihr Kollege rein und will irgendetwas von Ihnen. Sie unterbrechen kurz Ihre Arbeit und machen dann weiter. Mittlerweile sind zwölf neue E-Mails in Ihrem Posteingang. Das Telefon klingelt. Jetzt müssen Sie auch schon ins Meeting. Nach dem Termin entdecken Sie eine SMS von Ihrem Kind, die Sie kurz beantworten. In Ihrem Posteingang haben Sie mittlerweile schon 26 E-Mails. Es ist aber bereits 19.00 Uhr. Sie gehen nach Hause, völlig gestresst, und Ihre To-do-Liste ist länger als am Morgen.
Der ganz normale Wahnsinn, oder anders ausgedrückt: Das, was uns am meisten am Erreichen unserer Ziele hindert, ist der Alltag. Was noch dazukommt: Die Anforderungen und Erwartungen sind in den letzten Jahren und Jahrzehnten extrem gestiegen. Früher war es normal, einen Brief erst im Laufe der nächsten Tage zu

beantworten. Beantwortet man heute eine E-Mail nicht innerhalb der nächsten Stunden, wird vielleicht schon Vermisstenanzeige erstattet – oder man wird per Telefon, über SMS oder Facebook kontaktiert.
Wir sind heute auf so vielen Kanälen präsent, dass eigentlich klar ist, dass dabei etwas auf der Strecke bleiben muss. Die entscheidende Frage ist: Was bleibt auf der Strecke?

Wie wir priorisieren

„Vor lauter Bürokratie und Alltagsstress habe ich kaum noch Zeit für das wirklich Wichtige, nämlich den Kunden und den Abschluss", sagen mir Verkäufer öfters. Das glaube ich gerne, doch die Frage ist: Entscheiden wir, was erledigt wird, oder überlassen wir das den Umständen? Steuern wir die Situation oder werden wir von der Situation gesteuert? Was ist wirklich wichtig und was kann warten? Worum kümmern wir uns zuerst? Um den nächsten Kunden? Die Reklamation, die grade reingekommen ist? Die Neukundenakquise? Unseren Partner? Unsere Steuererklärung?
Um aus diesem Fragenlabyrinth herauszukommen, hilft es, wenn wir uns darüber klar werden, dass wir uns in der Regel mit zwei Arten von Aufgaben beschäftigen: den Bewahrungsaufgaben und den Veränderungsaufgaben. Bewahrungsaufgaben sind Tätigkeiten, die man ausführen muss, um den Status quo zu erhalten, quasi das „Brot-und-Butter-Geschäft". Sie gehören zur Routine. Sie ändern allerdings auch nichts an ihr.

Befinden Sie sich grade auf Erfolgskurs, erreichen Sie Ihre Ziele und alles läuft super? Dann bewahren Sie das, was Sie tun, und ernten weiter. Oder sind Sie eher unzufrieden mit Ihrer jetzigen Situation? Möchten Sie mehr Umsatz machen oder Ihre Abschlussquoten erhöhen? Dann müssen Sie etwas ändern.

Übung: Bewahren oder verändern?

1. Teilen Sie ein Blatt Papier in zwei Hälften. Auf die linke Seite schreiben Sie als Überschrift „Veränderungsaufgaben", auf die rechte Seite „Bewahrungsaufgaben".
2. Spielen Sie jetzt gedanklich Ihre Arbeitswoche durch und überlegen Sie, welche Ihrer Tätigkeiten Bewahrungs- und welche Veränderungsaufgaben sind. Ordnen Sie sie jeweils der einen oder anderen Seite zu.
3. Notieren Sie, wie viel Zeit Sie in der Vergangenheit mit Routineaufgaben verbracht haben und wie viel mit Veränderungsaufgaben.
4. Schauen Sie sich jetzt Ihre Ziele an, die Sie im vorherigen Kapitel definiert haben. Erreichen Sie diese Ziele mit Bewahrungs- oder mit Veränderungsaufgaben?

Falls Ihnen jetzt Gedanken wie „Wann soll ich das denn noch machen?" durch den Kopf schießen, kann ich das verstehen. Die entscheidende Frage ist: Wie setzen Sie Prioritäten? Sind Sie jemand, der gerne alles auf den letzten Drücker erledigt? Oder sind Sie eher ein Gewohnheitstier, frei nach dem Motto: „Das habe ich immer schon so gemacht"? Oder schieben Sie unangenehme Aufgaben gerne in die Zukunft und kümmern sich lieber um das Angenehme? Bei der Prioritätensetzung wird oft nach drei Prinzipien agiert:

- dem Dringlichkeitsprinzip
- dem Lustprinzip
- dem Gewohnheitsprinzip

Die meisten Menschen priorisieren nach dem Dringlichkeitsprinzip. Hier beginnt das Dilemma. Welche Veränderungsaufgaben sind wirklich dringend? Oder beruhen auf Gewohnheit? Oder bereiten Lust und Freude? Die Folge: Veränderungsaufgaben werden vom Alltag und anderen Aufgaben überrollt. Alles bleibt, wie es ist. Auch Ihre Abschlussquoten. Wollen Sie Ihre Abschlussquoten verbessern, müssen Sie es also schaffen, Ihre Zeit und Energie so gut wie möglich auf den Abschluss fördernde Maßnahmen zu konzentrieren.

Das Eisenhower-Prinzip

Ein Werkzeug, das Ihnen dabei hilft, ist das Eisenhower-Prinzip. Aufgaben werden aufgrund ihrer Priorität unterschieden in Dringlichkeit (bezogen auf die Zeit) und Wichtigkeit (bezogen auf das Ziel). Daraus ergeben sich vier Aufgabenkategorien:

- A(I) = dringend und wichtig
- B(II) = nicht dringend und wichtig
- C(III) = dringend und unwichtig
- P(IV) = nicht dringend und unwichtig (= Papierkorb)

Wollen Sie Ihre Abschlussquoten erhöhen, dann stellen Sie sich ab sofort die Frage, wie wichtig und dringend das ist, was Sie grade tun oder tun wollen, bezogen auf den Abschluss. Teilen Sie Ihre Aufgaben dementsprechend in die vier Kategorien A, B, C und P ein.

	dringend	**nicht dringend**
wichtig	**I / A** *Aufgaben:* *Krisen* *Deadlines*	**II / B** *Aufgaben:* *Planungen, Vorkehrungen, Ideen, Strategien*
unwichtig	**III / C** *Aufgaben:* *Meetings, Anrufe, Orga, E-Mails*	**IV / P** *Aufgaben:* *unwichtige Mails/ Anrufe* *angenehme Ablenkungen*

Abb. 4: Das Eisenhower-Prinzip

Entmüllen Sie Ihren Verkaufsalltag: Werfen Sie sämtliche P-Aufgaben in den Papierkorb. Delegieren Sie so viele C-Aufgaben wie möglich, auch wenn es Ihnen schwerfällt. Schaffen Sie sich ein tägliches Zeitfenster für längerfristige B-Aufgaben, z. B. für persönliche Weiterentwicklung und die Planung Ihrer Strategien. Konzentrieren Sie sich auf das Wesentliche und für Sie Wichtige: den Abschluss. Auch so werden Dinge auf der

Strecke bleiben. Aber jetzt haben Sie entschieden, was auf der Strecke bleibt. Jetzt steuern Sie und werden nicht gesteuert.

Tipp: Oft merken wir gar nicht, womit wir unsere Zeit verplempern. Führen Sie in den nächsten vier Wochen ein Zeittagebuch. Notieren Sie vom Aufstehen bis zum Zubettgehen alles, was Sie tun, und auch, wie lange Sie es tun – auch den Plausch mit Ihrem Kollegen in der Kaffeeküche oder die Zeit, die Sie bei Facebook & Co. verbringen. So identifizieren Sie Ihre Zeitdiebe.
Nach diesen vier Wochen gleichen Sie Ihr Tagebuch mit Ihrem Zielnavigator ab. Streichen Sie alles durch, was weder zur Erreichung Ihrer Ziele und zur Erhöhung Ihrer Abschlussquoten beiträgt noch zu Ihrem notwendigen Tagesgeschäft gehört. Möglicherweise haben Sie jetzt Freiräume, die Sie sich vorher gar nicht vorstellen konnten.

30 *Wollen wir etwas verändern, müssen wir in unserem Alltag Platz für Veränderungsaufgaben schaffen. Entmüllen, Delegieren und richtig Priorisieren sind die Schlüssel zum Abschlusserfolg.*

4.3 Übung macht den Meister

Sie kennen Ihr Ziel, Sie haben geplant, wie Sie es erreichen wollen. Das heißt aber noch nicht, dass Sie es auch schaffen. Nur weil Sie den Abschluss wollen und sämtliche Bücher über Abschlusstechniken gelesen haben, heißt das noch nicht, dass Sie auch abschließen *können*. Dazu müssen Sie üben, am Anfang sogar sehr viel. Üben ist ungewohnt, anstrengend und kostet Überwindung. Aber alles war einmal schwer, bevor es leicht wurde.

Wie steht es bei Ihnen mit dem Üben? Wann haben Sie das letzte Mal Ihr Handwerkszeug trainiert? Beispielsweise die Fragetechnik, den Elevator Pitch oder die Einwandbehandlung? Wann haben Sie das letzte Mal Ihr Verkaufsgespräch mitgeschnitten (mit Erlaubnis des Kunden) und analysiert? Wie lange liegt Ihr letztes Videotraining zurück? Alles schon etwas länger her? Dann ist es vielleicht an der Zeit, etwas zu *verändern*. Legen Sie los:

- Definieren Sie Ihr(e) Übungsziel(e): Achten Sie auf eine klare und eindeutige Zieldefinition.
- Definieren Sie die einzelnen Schritte zum Ziel: Passen Sie Ihren Zielnavigator entsprechend an.
- Definieren Sie Ihr Zeitfenster: Nehmen Sie den Zeitnavigator zur Hilfe und machen Sie aus Ihrem Training eine B-Aufgabe.
- Gehen Sie eine innere Verpflichtung mit sich ein: Überlegen Sie sich Ihren Wetteinsatz, den Sie einlösen, wenn Sie Ihr Ziel nicht erreichen.

Erstellen Sie Ihren Trainingsplan

Die fehlende Bereitschaft zu üben ist einer der Hauptgründe, warum wir im Verkauf und vor allem beim

Abschluss scheitern. Greifen Sie sich Ihren Kollegen, Kumpel oder Partner und simulieren Sie die Verkaufsgespräche. Sie können testen, wie weit Sie gehen können, und neue Dinge ausprobieren. Sie können trainieren.

Wie beim Sport gehört zu einem erfolgreichen Training auch ein individueller Trainingsplan. Um diesen Trainingsplan zu erstellen, nehmen Sie Werkzeuge zu Hilfe, die in diesem Buch bereits vermittelt wurden:

- Erstellen Sie Ihre To-do-Liste anhand des Ziel- und Zeitnavigators für den Zeitraum 1 Jahr, ½ Jahr, 1 Monat, 1 Woche.
- Verplanen Sie 60 % Ihrer Zeit und lassen Sie 40 % Puffer frei.
- Übernehmen Sie die Verantwortung für Ihre Erfolge und Misserfolge.

30 *Zwischen Wissen und Können liegt Üben. Wir brauchen ein Trainingsziel und einen Trainingsplan, den wir mithilfe der in diesem Buch beschriebenen Werkzeuge erstellen können.*

4.4 Was uns abhält

Wir wissen, wohin wir wollen, wir wissen, was wir tun müssen, um auch anzukommen. Wir haben einen Trainingsplan, der uns hilft, besser zu werden. Trotzdem kann es sein, dass wir es nicht schaffen. Was hält uns ab? Hauptsächlich zwei Dinge: Festhalteritis und Perfektionismus.

Festhalteritis

Wir wollen unbedingt an einer einmal getroffenen Entscheidung festhalten. Revidieren wir unsere Entscheidung, stellen wir uns selbst infrage, und das missfällt unserem Ego. Mein Tipp: Überprüfen Sie in regelmäßigen Abständen mithilfe des Zielnavigators, ob Sie noch auf Kurs sind. Stellen Sie Ihr Tun und Ihre Treiber immer wieder infrage. Wenn Sie feststellen, dass sich Dinge geändert haben, dass ein Ziel für Sie vielleicht gar nicht mehr erstrebenswert ist, lassen Sie es los.

Perfektionismus

Viele von uns wurden dazu erzogen, möglichst perfekt zu sein. Das perfekte Aussehen, das perfekte Zeugnis, die perfekte Ausbildung, der perfekte Partner usw. Ganze Wirtschaftszweige leben von unserem Bedürfnis nach Perfektion. Den perfekten Abschluss? Gibt es nicht. Ganz im Gegenteil. Der Wunsch, perfekt zu sein, der Wunsch, alles richtig zu machen, hindert uns oft daran, einfach loszulaufen. Aber um etwas zu können, müssen wir es tun, und dazu gehört nun einmal auch, hinzufallen.

Wir lernen aus unseren Fehlern. Wenn Sie besser werden wollen, wenn Sie Ihre Abschlussquoten erhöhen wollen, dann haben Sie den Mut, Fehler zu machen. Haben Sie den Mut, Neues auszuprobieren und auch mal zu scheitern. Denken Sie nicht, Sie wissen noch zu wenig oder Sie sind vielleicht noch nicht gut genug. Das ist Unsinn.

Ich bin überzeugt, wenn wir scheitern, scheitern wir nicht am Wissen, sondern wir scheitern am Wollen. Also: Wenn Sie wirklich verkaufen wollen, dann werfen Sie jeden Ansatz von Perfektionismus über Bord. Warten Sie nicht auf den richtigen Zeitpunkt, sondern laufen Sie los!

30

Um abschließen zu können, müssen wir den Weg zum Ziel kennen, wissen, wie wir ankommen, und uns auch wirklich auf den Weg machen. Folgende Werkzeuge helfen uns dabei:

- *Der Zielnavigator führt uns zum Abschluss. Passt unser Handeln nicht zu unseren Zielen und Treibern, kommen wir nicht oder nur mühsam voran.*
- *Der Zeitnavigator hilft zu priorisieren. Wollen wir etwas verändern, dann müssen wir uns auch mit Aufgaben befassen, die etwas verändern, statt in Routine zu ersticken.*
- *Um abschließen zu können, müssen wir üben. Unseren individuellen Trainingsplan entwickeln wir mithilfe des Ziel- und Zeitnavigators.*
- *Festhalteritis und Perfektionismus sind die beiden Hauptfallstricke. Wir müssen bereit sein, loszulassen, und den Mut haben, hinzufallen.*

30 MINUTEN

Warum können Ihnen Ihre Erwartungen ein Bein stellen?

Seite 86

Wieso reicht positives Denken allein nicht aus?

Seite 87

Was können Sie aus diesem Buch für sich mitnehmen?

Seite 88

5. Sie werden Ihr Ziel erreichen

Der Kreis des Abschlussrads ist jetzt geschlossen: Verantwortung, Wissen, Können und Wollen. Jetzt liegt es an Ihnen, was Sie daraus machen. Einen meiner Lieblingssätze aus meiner aktiven Verkäuferzeit kennen Sie ja schon: „Du darfst das ‚Nein' nicht persönlich nehmen." Doch wenn ich davon ausgehe, dass es in meiner Hand liegt, ob ein Kunde kauft oder nicht, dann muss ich das „Nein" persönlich nehmen. Ähnlich verhält es sich mit diesem Spruch: „Du kannst nicht jeden kriegen." Ich will aber jeden kriegen! Zumindest jeden, der sich mein Produkt leisten kann. Mit dieser Einstellung bin ich auch sehr gut gefahren. In meinen besten Zeiten der Kaltakquise lagen meine Abschlussquoten bei 1:1,5. Fast jeder Kunde hat gekauft – und wir reden von Immobilien. Ich rate Ihnen also aus Erfahrung, tatsächlich jedes „Nein" persönlich zu nehmen und daraus zu lernen – und grundsätzlich jeden Kunden kriegen zu wollen. Dann werden Sie Ihr Ziel erreichen!

5.1 Programmieren Sie sich auf Abschluss

Kennen Sie das? Sie sitzen mit Ihrem frisch gewaschenen weißen Pullover am Esstisch, vor Ihnen stehen dampfende Spaghetti Bolognese. Sie denken gerade noch: „Bitte lass nicht diese Tomatenso...“ – und schon ist es passiert! Wenn wir nicht wollen, dass etwas passiert, passiert es. Unser Unterbewusstsein kennt kein „Nein“. Der Befehl lautet daher: *„Bitte lass diese Tomatensoße auf den weißen Pulli spritzen.“*

Dieser Kunde kauft

Das gleiche Phänomen erleben wir im Verkauf. Wenn wir auf keinen Fall wollen, dass der Kunde abspringt, wenn wir Angst vor dem „Nein“ oder der Abfuhr haben, dann wird genau das passieren. Wir müssen uns also entsprechend „umprogrammieren“. Wie? Indem wir uns nicht einmal ansatzweise vorstellen, dass unser Kunde nicht kaufen könnte. Wir gehen davon aus und sind davon überzeugt, dass der Kunde unterschreibt. Etwas anderes ziehen wir gar nicht in Betracht. Wir ändern unseren Fokus und unsere Emotionen und somit auch die Emotionen unseres Kunden. Wir konzentrieren uns nur noch darauf, wie es funktioniert, und nicht mehr darauf, wie es nicht funktioniert. Wir programmieren uns auf das, was wir wollen: dass dieser Kunde kauft. So einfach? Ja – und nein: Ja, es funktioniert, aber nein, nicht sofort. Sie müssen es üben.

Wir sollten niemals im und kurz vor dem Verkauf daran denken, dass es nicht funktionieren könnte. Stattdessen können wir uns auf den erfolgreichen Abschluss programmieren.

30

5.2 Sie haben es in der Hand

„Du schaffst das, du musst nur dran glauben!" „Andere haben es ja auch geschafft, warum nicht du?" „Du musst deine Wünsche ans Universum schicken, dann gehen sie auch in Erfüllung." „Denke positiv, deine Gedanken bestimmen dein Handeln." Ich bin mir sicher, Sie haben diese oder ähnliche Sätze schon einmal gehört. Alles richtig, aber eben auch wieder nicht. Ich bin in meinem Leben oft hingefallen, habe viel riskiert und oft einen hohen Preis bezahlt. Ich habe erlebt, dass wir das, woran wir glauben, schaffen. Aber ich habe auch genau das Gegenteil erlebt.

Nur daran zu glauben, dass wir abschließen werden, reicht eben nicht aus. Wir müssen *wissen*, wie es geht, wir müssen es *können* und wir müssen es *wollen*. Sind wir dann auch noch bereit, die *Verantwortung* für uns und unsere Erfolge zu übernehmen, dann sind wir unschlagbar. Abschlusserfolg entsteht aus dem Zusammenspiel aller vier Kompetenzen. Es liegt an uns, das Abschlussrad immer wieder zu prüfen und anzupassen. Es liegt an uns, ob wir abschließen oder nicht.

Mein Wunsch

Vielleicht konnte ich Ihnen mit diesem Buch den ein oder anderen Impuls auf Ihrem Weg zum Abschluss geben. Mein Wunsch: Nehmen Sie das daraus mit, was zu Ihnen passt, und lassen Sie alles andere weg. Probieren Sie die Dinge aus. Testen Sie. Verbinden Sie mein Know-how mit Ihrer ganz persönlichen Verkäufermentalität.

Beobachten und analysieren Sie, was funktioniert, und auch, was nicht funktioniert. Freuen Sie sich jedes Mal, wenn Sie an Ihre Grenzen kommen, denn dann können Sie wachsen. Werden Sie zum Top-Closer – auf Ihre eigene, unverwechselbare Art und Weise. Und denken Sie immer daran: Sie haben es in der Hand!

30

Nur an den Abschluss zu glauben, reicht nicht. Wir müssen es wissen, wir müssen es können und wir müssen es wollen. Es ist unsere Verantwortung.

- ***Im Verkaufsgespräch und kurz davor haben negative Gedanken nichts zu suchen. Wir gehen davon aus, dass der Kunde kauft. Davon sind wir felsenfest überzeugt.***
- ***Finden Sie heraus, was Sie aus diesem Buch mitnehmen möchten, was zu Ihrer Verkäufermentalität passt. Denken Sie immer daran: Sie haben es in der Hand!***

Fast Reader

1. Die 4 Elemente – das Abschlussrad

Der erste Schritt zum erfolgreichen Verkaufsabschluss besteht darin, die volle Verantwortung für Erfolge und Misserfolge zu übernehmen.
Wenn wir nicht ans Ziel kommen, dann wollen wir es vielleicht nicht ausreichend. Wir müssen dann unsere Treiber stärken und unsere Stopper überwinden.
Wissen kann uns im Verkauf an die Spitze bringen, es kann aber auch ein Grund sein, warum wir scheitern. Wissen allein reicht nicht, wir müssen auch üben, um erfolgreich zu sein.

Abschlusserfolg entsteht durch das Zusammenspiel der vier Abschlusskompetenzen Verantwortung, Wollen, Wissen und Können.

- ***Verantwortung zu übernehmen bedeutet, aufzuhören, Ausreden und Schuldige zu suchen. Wir haben die Verantwortung für den Deal.***

- ***Wollen bedeutet, mit dem richtigen Sprit zu fahren. Wir müssen lieben, was wir tun, und wissen, was uns antreibt und abhält.***
- ***Wissen ist der Garant für Erfolg, kann aber auch Misserfolge verursachen. Entscheidend ist, wie wir das Wissen einsetzen. Sind wir „Wissensbesitzer“ oder „Wissensbenutzer“?***
- ***Können kommt von tun, das heißt, wir müssen loslaufen und üben. Hinfallen gehört dazu. Wichtig ist, dass wir es angehen.***

2. Das Wollen – Treiber gezielt einsetzen

Wollen wir abschließen, müssen unsere Treiber stärker sein als unsere Stopper. Es liegt an uns, uns unsere Stopper bewusst zu machen und uns unseren Ängsten, den systemischen Widerständen und den Unstimmigkeiten zu stellen.
Was uns antreibt, das steuert uns. Wir müssen lieben, was wir tun, und wir müssen uns bewusst sein, was uns antreibt.
Probleme, die wir nicht beeinflussen können, eliminieren wir aus unserem Denken, und Probleme, die wir beeinflussen können, lösen wir.

30 ***Das Wollen ist unsere stärkste Kraft auf dem Weg zum Abschluss. Wenn wir nicht abschließen wollen, bringt uns alles Wissen und Können nichts.***

- ***Unsere Stopper behindern uns wie eine gezogene Handbremse. Unsere Treiber sind dagegen unser Motor.***
- ***Unsere Treiber stehen in ständigem Konflikt mit unseren Stoppern. Wir müssen unsere Treiber kennen, unsere Stopper eliminieren und lösungsorientiert an Probleme herangehen.***
- ***Abschließen heißt, bereit sein, den Preis zu bezahlen. Besser wir setzen uns selbst unter Druck, als dass wir darauf warten, dass andere das tun.***

3. Das Wissen – 4 Phasen bis zum Abschluss

Eine erfolgreiche Akquise ist kein Produkt des Zufalls. Der AIDA-Faktor macht Akquise und damit auch den Abschluss steuer- und planbar.
Es gibt zwei Hauptemotionen, die uns in Bewegung setzen: Schmerz und Freude. Die müssen wir treffen, um Interesse zu wecken.
Damit unser Kunde kauft, müssen wir den richtigen Köder auswerfen, indem wir zuerst das „Warum“ ansprechen: den individuellen, emotionalen Kundennutzen. Denn Entscheidungen werden im Zwischenhirn gefällt, dem Bereich, der für Emotionen zuständig ist. Anschließend sorgen das „Was“ und das „Wie“ für eine rationale Begründung.

30

Die vier Phasen A (Aufmerksamkeit), I (Interesse), D (Verlangen), Aplus (Abschluss) entscheiden darüber, ob wir erfolgreich abschließen.

- ***Eine Kurzpräsentation, Elevator Pitch genannt, weckt Interesse.***
- ***Der Emotionsköder entscheidet, ob ein Kunde kauft oder nicht.***
- ***Abschließen heißt, Verantwortung für den Deal zu übernehmen. Am Ende der Abschlussphase gibt es nur ein „Ja" oder ein „Nein".***

4. Das Können – zwischen Wissen und Können liegt Üben

Das „Warum" ist unser Lebensmotor. Es hilft uns, unseren Zielnavigator zu entwickeln: Wenn wir uns vorstellen, wo wir in zehn Jahren gerne stehen würden, können wir uns daran ausrichten und Etappenziele formulieren.

Wollen wir etwas verändern, brauchen wir einen Zeitnavigator. Entmüllen, Delegieren und richtig Priorisieren sind der Schlüssel zum Abschlusserfolg.

Zwischen Wissen und Können liegt Üben. Wir brauchen ein Trainingsziel und einen Trainingsplan, den wir mithilfe des Ziel- und Zeitnavigators entwickeln.

Um abschließen zu können, müssen wir den Weg zum Ziel kennen, wissen, wie wir ankommen, und uns auf den Weg machen:

- ***Der Zielnavigator hilft uns, unser Handeln an unseren Zielen und Treibern auszurichten.***
- ***Der Zeitnavigator hilft uns, zu priorisieren, um Platz für Veränderungsaufgaben zu schaffen.***
- ***Festhalteritis und Perfektionismus sind die beiden Hauptfallstricke. Wir müssen bereit sein, loszulassen, und den Mut haben, hinzufallen.***

5. Sie werden Ihr Ziel erreichen

Wir sollten nie im und kurz vor dem Verkauf ans Scheitern denken. Stattdessen können wir uns auf den erfolgreichen Abschluss programmieren.

Nur an den Abschluss zu glauben, reicht nicht. Wir müssen es wissen, können und wollen. Es ist unsere Verantwortung.

- ***Im Verkaufsgespräch programmieren wir uns auf Erfolg: Wir gehen davon aus, dass der Kunde kauft. Davon sind wir felsenfest überzeugt.***
- ***Finden Sie heraus, was Sie aus diesem Buch mitnehmen möchten. Denken Sie immer daran: Sie haben es in der Hand!***

Die Autorin

Katja Porsch startete ihre Verkaufskarriere bei einem Berliner Immobilienvertrieb und arbeitete lange Zeit im Außendienst sowie in der Kaltakquise. Sie zählte zu den Spitzenperformern und Top-Closern ihrer Branche. Inzwischen trainiert sie Verkäufer, Verkäuferinnen und Vertriebsmitarbeiter. In den letzten Jahren profitierten zahlreiche namhafte Unternehmen von ihrer ausgewiesenen Expertise.

Kontakt:
Katja Porsch
Fischergasse 33
88131 Lindau
porsch@katja-porsch.de
www. katja-porsch.de

Weiterführende Literatur

- Brandl, Peter: Hudson River – Die Kunst, schwierige Entscheidungen zu treffen. Offenbach: GABAL, 2013.
- Carter-Scott, Chérie: Das Leben ein Spiel, und hier sind die Regeln. München: Goldmann, 1999.
- Covey, Stephen R.: Die 7 Wege zur Effektivität – Prinzipien für persönlichen und beruflichen Erfolg. Offenbach: GABAL, 2010.
- Merath, Stefan: Die Kunst, seine Kunden zu lieben – Neurostrategie® für Unternehmer. Offenbach: GABAL, 2011.
- Pickens, James W.: Closing – Erfolgsstrategien für offensive Verkäufer. Wiesbaden: Gabler, 1989.

Register